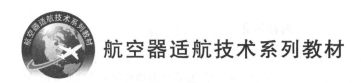
航空器适航技术系列教材

复合材料结构适航符合性验证理论与方法

孙有朝　李龙彪　［乌克兰］Tiniakov Dmytro　主编

北京航空航天大学出版社

内容简介

本书介绍了民用飞机复合材料结构适航验证领域涉及的理论与方法。全书包括 8 章，分别介绍了复合材料在航空领域的应用历史及适航符合性验证依据、复合材料结构积木式验证方法、复合材料结构符合性验证、复合材料力学性能分析以及复合材料结构持续适航等内容。

本书可作为高等院校航空器适航等相关专业的教材或教学参考书，也可供飞机复合材料结构适航设计及审定人员以及其他工程技术人员和研究人员参考。

图书在版编目(CIP)数据

复合材料结构适航符合性验证理论与方法 / 孙有朝，李龙彪，（乌克兰）蒂尼亚科夫·德米特里 (Tiniakov Dmytro) 主编. -- 北京 : 北京航空航天大学出版社, 2024. 10. -- ISBN 978-7-5124-4496-6

I. ①V257

中国国家版本馆 CIP 数据核字第 2024QC0345 号

版权所有，侵权必究。

复合材料结构适航符合性验证理论与方法

孙有朝　李龙彪　[乌克兰]Tiniakov Dmytro　主编
策划编辑　董　瑞　责任编辑　王　瑛　王迎腾

*

北京航空航天大学出版社出版发行

北京市海淀区学院路 37 号（邮编 100191）　http://www.buaapress.com.cn
发行部电话：(010)82317024　传真：(010)82328026
读者信箱：goodtextbook@126.com　邮购电话：(010)82316936
北京凌奇印刷有限责任公司印装　各地书店经销

*

开本：710×1 000　1/16　印张：8.25　字数：176 千字
2024 年 10 月第 1 版　2024 年 10 月第 1 次印刷　印数：1 000 册
ISBN 978-7-5124-4496-6　定价：45.00 元

若本书有倒页、脱页、缺页等印装质量问题，请与本社发行部联系调换。联系电话：(010)82317024

前　言

　　复合材料是由两种或两种以上具有不同性质的材料通过物理或化学方法,在宏观上组成的具有新性质的材料。复合材料的综合性能优于原组成材料,从而可满足各种不同应用的要求。20世纪60年代中期,以碳纤维为增强体的复合材料问世,70年代初开始应用于飞机结构。与传统材料相比,复合材料具有比强度、比模量大,耐疲劳性能好,可设计性强,材料与结构的同一性好等特点。近年来,复合材料在飞机结构上的应用比例不断提高,空客A350的复合材料用量已经接近机体总质量的40%,波音B787的机翼和机身上使用的复合材料占比超过50%,空客A380仅机身壁板采用的碳纤维复合材料就高达30多吨。

　　民用航空首先关心的问题是飞机的飞行安全。适航性是指民用航空器(包括其部件和子系统的整体性能和操纵性能)在预期的服役使用环境中和使用限制下,飞行的安全性和物理完整性的一种品质。这种品质要求航空器应始终保持符合其型号设计标准和始终处于安全运行状态。适航要求是航空史上飞行事故换来的经验教训的结晶,适航性是航空器必须具有的属性之一。复合材料结构的加工制造过程和损伤特性与金属结构明显不同,例如：复合材料中难免会出现气孔、分层和脱粘等缺陷,生产质量相对难以稳定,材料性能数据统计较为困难;飞机在服役过程中,在载荷、雨水侵蚀、鸟和冰雹等外物撞击等因素作用下,其复合材料结构容易出现分层、脱粘、撕裂等缺陷和损伤,与金属结构损伤形式不同;此外复合材料结构的性能受温度、闪电等环境影响比较明显。因此,为了保证复合材料结构具有与金属结构同样的适航安全水平,需要研究其适航符合性验证的理论和方法。

　　本书介绍了民用飞机复合材料结构适航验证领域涉及的理论与方法。全书包括8章,分别介绍了复合材料在航空领域的应用历史及适航符合性验证依据、复合材料结构积木式验证方法、复合材料结构符合性验证、复合材料力学性能分析以及复合材料结构持续适航等内容。在本书的编写过程中，郭超超、于博文、胡煜、许涛曾协助编者整理资料，在此向他们表示诚挚的感谢。

  本书可作为高等院校航空器适航等相关专业的教材或教学参考书，也可供飞机复合材料结构适航设计及审定人员以及其他工程技术人员和研究人员参考。由于作者水平有限，书中难免存在不妥之处，希望读者不吝批评指正。

孙有朝 李龙彪 Tiniakov Dmytro

2024 年 5 月

本书配有课件，有需要者，可发邮件至 goodtextbook@126.com 申请索取。若需要其他帮助，可拨打 010-82317037 联系我们！

目　　录

第1章　绪　论 ··· 1
　1.1　复合材料的发展历史和应用概况 ··· 1
　　1.1.1　复合材料的发展历史 ··· 1
　　1.1.2　复合材料的应用概况 ··· 2
　1.2　复合材料的定义和组成 ··· 6
　　1.2.1　复合材料的定义 ··· 6
　　1.2.2　单层复合材料 ··· 8
　　1.2.3　层合复合材料 ··· 9
　1.3　复合材料结构符合性证明依据 ··· 10
　1.4　复合材料结构合格审定中的新问题 ······································· 11

第2章　复合材料的原材料及性能 ·· 13
　2.1　复合材料基体 ··· 13
　　2.1.1　环氧树脂 ··· 13
　　2.1.2　热塑性基体 ··· 14
　　2.1.3　其他聚合物基体 ··· 15
　2.2　碳纤维 ··· 15
　2.3　热固性树脂预浸料 ··· 17
　2.4　层合板性能 ··· 19

第3章　复合材料的制造工艺 ·· 21
　3.1　预浸料热压罐工艺 ··· 21
　3.2　自动铺带工艺 ··· 21
　3.3　自动纤维铺放工艺 ··· 23
　3.4　拉挤成型工艺 ··· 24
　3.5　蒙皮-长桁一体化成型工艺 ·· 25
　3.6　热压罐工艺 ··· 26
　3.7　编织注射工艺 ··· 27
　3.8　热塑性复合材料工艺 ··· 30
　3.9　纤维缠绕工艺 ··· 33
　3.10　连接和胶结 ·· 37
　　3.10.1　紧固件连接 ··· 37

  3.10.2 胶结连接 ……………………………………………………… 39
  3.10.3 焊　接 …………………………………………………………… 40
 3.11 制造技术选择 …………………………………………………………… 42

第4章　复合材料结构的损伤检测 …………………………………………… 44
 4.1 复合材料损伤检测方法概述 …………………………………………… 44
 4.2 目视检测 ………………………………………………………………… 46
 4.3 敲击检测 ………………………………………………………………… 48
 4.4 超声波检测 ……………………………………………………………… 51
  4.4.1 超声波检测原理 ………………………………………………… 51
  4.4.2 超声波检测的新进展 …………………………………………… 53
 4.5 X射线成像 ……………………………………………………………… 54
  4.5.1 基本原理 ………………………………………………………… 54
  4.5.2 X射线成像的特点 ……………………………………………… 54
  4.5.3 X射线成像的优势与局限 ……………………………………… 55
  4.5.4 X射线断层成像技术 …………………………………………… 56
 4.6 其他检测方法 …………………………………………………………… 57
  4.6.1 剪切成像法 ……………………………………………………… 57
  4.6.2 热成像法 ………………………………………………………… 57
  4.6.3 湿度检测 ………………………………………………………… 58
 4.7 破坏检测 ………………………………………………………………… 58
  4.7.1 揭层法 …………………………………………………………… 59
  4.7.2 其他破坏检测方法 ……………………………………………… 59

第5章　复合材料结构积木式验证方法 ……………………………………… 60
 5.1 复合材料结构积木式验证方法概述 …………………………………… 60
 5.2 积木式验证方法的实例 ………………………………………………… 61
 5.3 复合材料结构静强度验证 ……………………………………………… 63
 5.4 复合材料结构静强度验证试验 ………………………………………… 65

第6章　复合材料结构符合性验证——附加考虑 …………………………… 66
 6.1 颤振和气弹稳定性 ……………………………………………………… 66
 6.2 适坠性 …………………………………………………………………… 66
 6.3 耐撞损性 ………………………………………………………………… 67
  6.3.1 耐撞损性定义和技术特点 ……………………………………… 67
  6.3.2 飞机结构耐撞损性设计要求与评定 …………………………… 68
  6.3.3 复合材料结构耐撞损性评定准则和防火安全要求 …………… 68
  6.3.4 复合材料结构耐撞损性的物理和力学问题 …………………… 69

6.3.5　复合材料结构耐撞损性分析和验证试验指导 …………………… 69
　6.4　防火、可燃性和热问题 ……………………………………………………… 70
　　6.4.1　防火、可燃性和热问题适航要求 …………………………………… 70
　　6.4.2　复合材料结构的火灾危害处理和安全性描述 ……………………… 71
　　6.4.3　飞行中的火灾问题 …………………………………………………… 71
　　6.4.4　复合材料结构外部防火特殊考虑 …………………………………… 71
　　6.4.5　复合材料结构的高温暴露问题 ……………………………………… 71
　6.5　闪电防护 ……………………………………………………………………… 72
　　6.5.1　闪电效应危害 ………………………………………………………… 72
　　6.5.2　闪电防护的适航要求和设计 ………………………………………… 77
　　6.5.3　闪电防护设计验证 …………………………………………………… 81
　　6.5.4　静电及其防护 ………………………………………………………… 81

第7章　复合材料力学性能分析 ……………………………………………………… 82
　7.1　复合材料的应力-应变关系 …………………………………………………… 82
　　7.1.1　一般各向异性材料的应力-应变关系 ………………………………… 82
　　7.1.2　正交各向异性材料的应力-应变关系 ………………………………… 83
　7.2　复合材料的工程弹性常数 …………………………………………………… 84
　　7.2.1　工程弹性常数表示的应力-应变关系 ………………………………… 84
　　7.2.2　正交各向异性材料工程弹性常数的限制条件 ……………………… 85
　7.3　复合材料的应力/应变和刚度/柔度矩阵的坐标变换 ……………………… 86
　　7.3.1　一般各向异性材料的应力/应变和刚度/柔度矩阵的坐标变换 …… 86
　　7.3.2　正交各向异性材料的应力/应变和刚度/柔度矩阵的坐标变换 …… 88
　　7.3.3　平面应力状态下应力/应变和刚度/柔度矩阵的坐标变换 ………… 91
　7.4　复合材料层合板的刚度 ……………………………………………………… 92
　　7.4.1　经典层合板的基本假设 ……………………………………………… 92
　　7.4.2　层合板的应力-应变关系 ……………………………………………… 93
　　7.4.3　对称层合板的刚度 …………………………………………………… 94
　　7.4.4　二维均衡层合板的刚度 ……………………………………………… 95
　　7.4.5　三维均衡层合板的刚度 ……………………………………………… 96
　7.5　复合材料层合板的强度估算 ………………………………………………… 99
　　7.5.1　单层板的强度 ………………………………………………………… 99
　　7.5.2　层合板的强度 ………………………………………………………… 101
　　7.5.3　有限元分析中常用的层合板失效判据 ……………………………… 102

第8章　复合材料结构持续适航——检查与修理 ………………………………… 108
　8.1　可接近性设计与可检查性设计 ……………………………………………… 108

  8.1.1 可接近性设计 …………………………………………………… 108
  8.1.2 可检查性设计 …………………………………………………… 109
 8.2 可修理性设计 ………………………………………………………… 110
  8.2.1 层合板的可修理性设计 ………………………………………… 110
  8.2.2 夹芯结构的可修理性设计 ……………………………………… 112
  8.2.3 波音 B787 型飞机复合材料结构可修理性设计 ……………… 112
 8.3 修理的分类 …………………………………………………………… 113
  8.3.1 按损伤严重程度分类 …………………………………………… 113
  8.3.2 按修理对象和修理方法分类 …………………………………… 113
  8.3.3 按修理场地分类 ………………………………………………… 114
  8.3.4 按损伤危害性分类 ……………………………………………… 115
 8.4 修理设计准则 ………………………………………………………… 116
  8.4.1 刚　度 …………………………………………………………… 116
  8.4.2 静强度和稳定性 ………………………………………………… 116
  8.4.3 耐久性 …………………………………………………………… 117
  8.4.4 损伤容限 ………………………………………………………… 117
  8.4.5 与飞机系统的相容性 …………………………………………… 118
  8.4.6 气动光滑性 ……………………………………………………… 118
  8.4.7 重量与平衡 ……………………………………………………… 118
 8.5 修理方案的确定 ……………………………………………………… 119
参考文献 ………………………………………………………………………… 121

第1章 绪 论

1.1 复合材料的发展历史和应用概况

1.1.1 复合材料的发展历史

自20世纪40年代以来,为了提高飞机、直升机和火箭等军用运输装备的设计水平,轻质、高强度新型材料的研制变得至关重要;与此同时,高分子聚合物工业迅速发展,并在各领域中得到了广泛应用,为制造各种用途的轻质材料提供了一种可能的解决方案;玻璃纤维极高的理论强度被发现,为制造高强度材料提供了一种可能。因此,如何使用这些潜在的轻质、高强度材料来满足工程实际需求成为新型材料研究的关键。在这三个主要驱动力的共同作用下,由两种或两种以上材料复合而成的新型材料得到了迅速发展和广泛应用,并由此产生了复合材料的概念。目前,复合材料已广泛应用在越来越多的结构工程领域,包括航空航天、汽车、船舶、体育和土木工程等。在过去的几十年中,复合材料的发展历程可归纳为以下四个阶段。

第一阶段为玻璃纤维增强复合材料的发明和应用时期。在20世纪40年代,工程师将高强度的玻璃纤维固化到轻质、低强度的高分子聚合物中,获得了一种新型高性能材料。在这种新型高性能材料中,高分子聚合物为玻璃纤维提供了一个很好的保护环境,使玻璃纤维免受划痕和冲击等损伤的影响,而这些损伤往往会导致玻璃纤维在低应力下被破坏。高强度玻璃纤维则承担从聚合物/纤维之间的界面传递过来的绝大部分应力,或者说承担了绝大部分的外载荷,而且纤维的桥接效应能有效阻止基体裂纹的扩展,降低裂纹扩展速率,增强脆性高分子聚合物材料的断裂韧性。1942年出现了第一种玻璃纤维层压制品,并在造船工业中以玻璃纤维增强板的形式替代了传统木材或金属结构件。这种轻质、高强度的玻璃纤维复合材料不存在腐蚀问题,且易于维护,十分适合造船工业,即使在现代造船工业中,玻璃纤维增强板仍然是重要的结构用材料。时至今日,玻璃纤维增强复合材料仍是复合材料的主要应用形式,仍然占据复合材料市场的90%左右。

第二阶段为高性能纤维和复合材料的开发及应用时期。虽然玻璃纤维增强技术在20世纪50年代得到了广泛应用,但是太空军事计划的出现对复合材料提出了新的要求。首先,航天器结构需要比玻璃纤维增强组件更轻、更强的材料,以尽可能地减轻发射重量,降低火箭的发射成本;其次,航天器在再入大气层过程中产生的温度可能超过1 500 ℃,这超出了当时任何单一或复合材料,尤其是低熔点的聚合物复合材料的温度限制。1956年,石棉纤维被固化到酚醛树脂中,形成一种可以在航天器再入头锥上应用的材料。同时,金属基复合材料也是一种可能的解决方案。金属基复合材料是通过将陶瓷纤维或颗粒相添加到耐热、轻质金属相中得到的一种耐高温材料,且其热膨胀系数很低。太空竞赛也推动了碳纤维和硼纤维的发展,这两种纤维大约在同一时期开发。由于碳纤维优越的加工性能和低成本特性,出现了石墨纤维聚合物复合材料,但是由于碳与铝和镁之间的化学反应,石墨纤维不能用于强化金属基体。硼纤维由硼蒸气在钨丝上沉积制成,直径较大,不能用于织物,虽然强度超过碳纤维,但成本更高,因此只能应用于不在意成本的军事领域,很难进入其他应用市场。芳纶出现于1964年,其主要结构特点是:相连的芳香环酰胺组采用液晶纺丝工艺生产,弹性模量介于玻璃纤维和硼纤维之间,约为碳纤维的1/2,常用于航天容器结构。

第三阶段为复合材料结构分析和设计方法的发展成熟并在各结构工程领域广泛应用时期。20世纪60年代,空间飞行器和飞机的大量需求促进了新型高模量纤维的研发;然而,空间飞行器和军事的需求在20世纪70年代下降,昂贵的纤维复合材料必须找到合适的民用领域,因此体育和汽车产业成为更重要的市场。20世纪70年代,碳纤维复合材料开始广泛用于体育用品,如石墨网球拍取代了木制网球拍。在航空领域,经过几十年的技术积累和发展,复合材料结构的优异性能发挥到了极致,已经成为最重要的结构用材料,复合材料在航空领域的应用情况将在1.1.2小节中详细介绍。

第四阶段为新型复合材料(包括混合材料、纳米复合材料和仿生复合材料等)的研发时期。20世纪90年代,学术界和工业界研究人员开始将复合模式扩展到越来越小的尺度上。从宏观尺度到分子尺度复合成混合材料,纳米尺度则复合成纳米复合材料。混合材料是有机和无机成分在分子尺度上混合的产物。同样,生物矿化材料的研究也受到科学家的高度关注,希望通过这种途径寻找到性能更好的混合结构。

1.1.2 复合材料的应用概况

复合材料在工程设计的各个领域,特别是在航空结构设计领域已得到广泛应用。复合材料以其特有的高比刚度、高比强度、轻质高效及非金属性等特性,与钛合金、铝合金、钢一起成为现代飞机设计的四大结构材料,成为现代飞机设计先进性的标志之一。近40年来,先进复合材料结构的研制成功和扩大应用,依靠设计、材料和制造各方面的协同努力,可以用"设计是主导、材料是基础、制造是关键"来描述三者的作用和相互关系,复合材料设计方法、材料和工艺新技术的开发已成为新一代民用飞机研制中的一项关键技术。

纵观复合材料在军用和民用飞机结构上的发展情况,复合材料用量都呈增长趋势(如图1-1所示),而且增长速度越来越快,应用水平越来越高,结构形式越来越复杂。

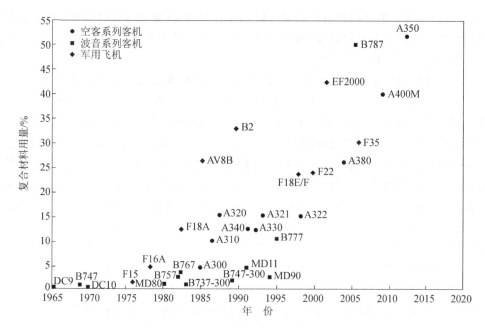

图 1-1 复合材料在军用和民用飞机结构上的发展情况

在军用飞机方面,20世纪60年代,美国首先将碳纤维增强复合材料用在军用飞机上,用于舱门、口盖、整流罩、副翼和方向舵等受力较小或非承力结构。20世纪80年代初,发展到用于垂尾和平尾等尾翼一级的次承力结构,如F15,F16和F18等均采用了复合材料尾翼,但此时复合材料的用量很有限。直到20世纪80年代末,复合材料开始应用于第五代战斗机F22和F35JSF的机翼和机身等主要承力结构。自此,军用飞机结构的复合材料化进程加速,用量不断增加,现在复合材料用量已经占军用飞机结构重量的20%~50%。目前,有些飞机在发动机结构上还采用了以耐高温树脂为基体的复合材料作为发动机冷端部件,工作温度可达250~350 ℃,为发动机的减重发挥了极大的作用。

此外,军用旋翼机的螺旋桨及机体结构也大量使用复合材料,例如,V-22"鱼鹰"倾转旋翼机所用复合材料占其结构重量的40%以上,包括机身、机翼、尾翼和旋转机构等的复合材料总用量超过3 000 kg。欧洲最新批次的"虎"式武装直升机结构部件的复合材料用量占结构重量更是高达80%,接近全复合材料结构。相对而言,军用运输机上复合材料用量较少,例如,C-17占8%,C-130J仅占2%,但这并不绝对,空客A400M军用运输机上采用了全复合材料机翼,其用量占飞机空载时结构重量的35%。

经过在军用飞机上技术和经验的不断积累,近20年来,复合材料在民用飞机中的应用迅猛发展,先进树脂基复合材料的各项性能很好地满足了新一代民用飞机的发展目标。安全性、经济性、舒适性和环保性是新一代民用飞机的四个主要追求目标,要求民用飞机的结构具有轻量化、高可靠、长寿命、高效能和强吸能等特点。先进树脂基复合材料具有高比强度、可设计、抗疲劳、耐腐蚀和高阻尼等特点,完全能达到新一代民用飞机结构设计的要求。

民用飞机最初采用复合材料的部位有舱门、内饰、整流罩和安定面等非承力和次承力结构,自20世纪70年代至今,在主承力结构上使用复合材料有了较丰富的经验,目前复合材料已广泛应用于机翼和机身等主承力结构。空客公司在空客A310飞机襟翼盒上第一次应用复合材料;空客A320飞机则是投产的第一架全复合材料尾翼飞机;空客A340飞机机翼中复合材料占比为13%;空客A340/500-600飞机则采用了碳纤维增强复合材料龙骨梁,该梁长16 m,厚23 mm,每根梁可承载450 t;空客A380飞机是空客公司第一种将碳纤维增强复合材料CFRP(Carbon Fiber Reinforced Polymers)应用于中央翼盒的飞机,与采用铝合金材料相比减重1.5 t,中央翼盒重8.8 t,其中5.3 t是复合材料。图1-2中给出了空客A380飞机各种结构材料的使用情况。另外,空客A380飞机的蒙皮大量应用了一种新型金属复合材料,即铝合金-玻璃纤维混合复合材料GLARE(Glass Fiber Reinforced Aluminium Laminates),这种材料由两层铝合金和三层玻璃纤维固化而成,结合了树脂基复合材料和铝合金材料的优点,具有很好的断裂韧性和抗低速冲击性能。

(a) 各种结构材料总体使用情况

(b) CFRP整体中央翼盒

(c) GLARE机身蒙皮

图1-2 空客A380飞机的复合材料使用情况

波音B787飞机是复合材料在民用飞机上的应用典范,其复合材料用量首次达到全结构重量的50%,如图1-3所示,飞机结构由单一复合材料结构向整体成型复合材料结构过渡,并向结构大型化和整体化方向发展,大幅度减少了由装配带来的标准紧固件。波音 B787 飞机的机身和机翼均采用碳纤维增强层合板结构代替铝合金，发动机短舱、水平尾翼和垂直尾翼、舵面和翼尖等部位均采用碳纤维增强夹芯板结构。与空客 A380 飞机相比，波音 B787 飞机复合材料用量更大，在主承载结构上的应用更广泛。波音 B787 飞机机身结构总体布局分为前机身、中机身、后机身及 6 个筒形结构段，其制造工艺最突出的特点之一就是采用了整体成型的筒形结构，这对过去的壁板整合结构来说是一个革命性的改变。全尺寸复合材料机身段减重 20%，直径 5.8 m 的全尺寸复合材料机身结构包括 8.5 m 的 44 段、10 m 的 46 段、7 m 的 47 段以及 4.6 m 的 48 段。机身在一个直径为 5.74 m 的模胎上，用铺带/铺丝机缠绕而成，并留出窗口位置。在机身缠绕前预先放置由碳纤维预浸料铺设压实而成的长桁与梁，缠绕后的机身壳体与长桁、梁一同放入 23.2 m×9.1 m 的热压罐中共固化，成为一个整体的复合材料机身段，如图 1-3(c)所示。这些整体成型的机身段仅用少量的高锁螺钉和单面抽钉紧固件就能完成对接总装，大量减少了连接件和结构重量，并缩短了装配工时，机身的气密性以及抗疲劳性大大提高，生产效率也大幅度提高，有利于降低生产成本。

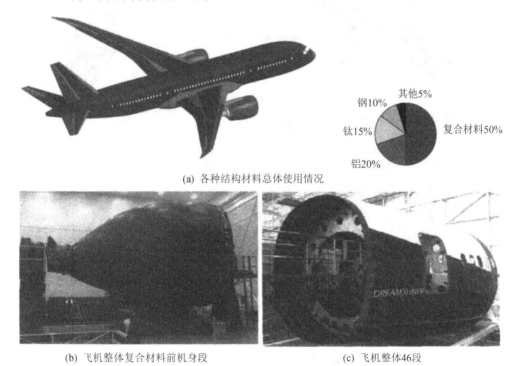

(a) 各种结构材料总体使用情况

(b) 飞机整体复合材料前机身段　　(c) 飞机整体46段

图 1-3　波音 B787 飞机的复合材料使用情况

为了与波音 B787 飞机竞争，空客公司推出了载客量和航程均与波音 B787 飞机处于同一级别的空客 A350 飞机，其结构的复合材料用量占比上升到 52%，如图 1-4(a)所示。空客 A350 飞机的中央翼盒和外侧翼盒均采用碳纤维复合材料，几乎整个 35 m 长的机翼均由碳纤维复合材料构成,复合材料面积达到约 442 m²,在同类型飞机机翼中其复合材料使用面积最大。空客 A350 飞机机身设计分前、中、后 3 段,直径为 5.89 m,长度分别为 13 m、18 m 和 16 m。与波音 B787 飞机不同的是,空客 A350 飞机机身是由 4 块碳纤维复合材料蒙皮壁板连接而成的,即壁板化结构(如图 1-4(c)所示)。这种设计不需要大型热压罐,每块壁板的厚度及纤维铺设方向可以根据具体的载荷要求进行优化。空客 A350 飞机机身框由铝合金制成,由机身框把 4 块复合材料壁板连接装配成机身段,因此其制造工艺相对简单,维修也比较容易:当机身结构受到严重损伤时,只需对损伤壁板进行更换即可,无须更换整个机身。但是,这种结构存在组装工作量大和连接件数量多等缺点,而且不利于座舱气密性的设计。空客 A350 飞机的机尾段是锥形筒体结构,难以与等直段一样采用壁板化的方法来制造,而是采用整体成型技术。

(a) 各种结构材料总体使用情况

(b) 复合材料机身　　(c) 复合材料机身壁板与金属框

图 1-4　空客 A350 飞机的复合材料使用情况

1.2　复合材料的定义和组成

1.2.1　复合材料的定义

在宏观尺度上,由两种或两种以上物理特性和化学特性相互独立的增强体和基体,通过复合工艺形成的材料称为复合材料。复合材料既保留了原组分材料的性能特点,又通过复合工艺获得原组分材料均不具备的更有用的特殊性能,是"可控制、可设计"的新型工程材料。增强体、基体及它们之间的界面是复合材料的三个要素,控制着复合材料的各项基本性能。除此之外,纤维对基体裂纹的桥接效应也对复合材料的性能有很大的影响,也是关键因素之一。

与块状的材料形式相比,复合材料在纤维形式下会展现出更优异的力学性能,主要原因是复合材料在纤维形式下的缺陷要显著少于块状形式下的缺陷。随着纤维直径的减小,缺陷的数量会减少且严重程度也会降低,而且纤维可以在生产过程中通过沿轴向拉伸来进一步增加材料的强度。如果单个纤维在复合材料中失效,则该失效不会自动扩展到邻近的纤维上,因为基体可以将本该由失效纤维承受的载荷转移到相邻的纤维上。基体可以有效抵抗可能由冲击或其他威胁产生的损伤,使复合材料更具有韧性,例如,玻璃薄片容易在出现小缺陷或受到冲击时发生断裂,玻璃纤维复合材料则不太容易受到冲击载荷的影响。

一般来说,纤维是复合材料的主要承载元件,故称其为增强体,可以由碳、石墨、玻璃、硼、芳纶或石英等材料制成。每一种纤维都有各自的优点和缺点,在复合材料结构设计过程中,刚度、静强度、冲击强度、疲劳性能、导电性能和热性能等是选择纤维时考虑的主要因素。根据纤维的形式,复合材料可分为连续型和非连续型两大类。连续型长纤维被认为是高性能的,因为这种形式复合材料的力学性能很好,是飞机结构应用中最常见的类型。由于纤维的载荷路径被破坏,非连续型纤维复合材料的性能会下降,通常不适合航空器的主要结构,尽管也有例外,但其主要用于一些次要结构。

基体材料比纤维更柔软、强度更低,但是复合材料中的基体可以将纤维捆绑在一起并分配载荷。基体的存在使得复合材料可以有效抵抗压缩载荷,并保护纤维免受环境因素(如燃料、液压油和擦伤等)的威胁。当单根纤维断裂时,基体会通过受剪来传递需要被重新分配的载荷。另外,基体还通过局部化裂纹和分层来吸收能量,提高材料的整体抗冲击性能,同时能"软化"应力集中所造成的不利影响。根据基体的形式不同,复合材料可分为聚合物基复合材料、陶瓷基复合材料、金属基复合材料和碳-碳复合材料几类。

纤维和基体之间的界面称为纤维/基体界面。在纤维与基体固化之前,需要在纤维表面涂上胶料,用以保护纤维,并提高纤维与基体之间的黏结强度。基体的性质和纤维/基体界面强度影响复合材料的力学性能;同样,基体和纤维/基体界面的相互作用对复合材料的裂纹扩展特性也有重要的影响。如果基体抗剪强度、模量和纤维/基体界面强度过高,则裂纹可能会直接穿过纤维/基体界面而不偏转,此时复合材料会表现为脆性材料,断裂表面光滑;如果纤维/基体界面强度过低,则基体只能对纤维起到捆束作用,纤维之间载荷分配的能力较弱,此时复合材料会很弱。对于合适的纤维/基体界面强度,在基体或纤维中扩展的裂纹会在纤维/基体界面处偏转,沿纤维方向延伸,复合材料在此模式下的失效会显示出相当程度的纤维拔出现象,断裂表面会非常粗糙,纤维在拔出过程中会吸收相当大的外界能量,从而提高复合材料的力学性能。

如果在基体裂纹尖端附近有纤维,并连接基体裂纹面,则会产生裂纹的纤维桥接效应。桥接纤维将分担一部分裂纹尖端载荷,显著降低裂纹尖端的应力强度因子。随着裂纹长度的增加,裂纹尖端的应力也会增加。在裂纹扩展过程中,桥接纤维会脱粘和拔出,释放一部分能量,这将增强复合材料的断裂韧性。纤维对复合材料的强度和断裂韧性的增强性能是由不同组分损伤过程的相互作用决定的,因此分析横向裂纹和分层的纤维桥接效应是理解复合材料损伤机理的一个非常重要且具有挑战性的方法,在过去几十年中已经建立了很多分析方法。

1.2.2 单层复合材料

如图1-5所示,纤维和基体组成单层的复合材料(以下简称单层),单层中的纤维可以沿一个方向铺设(见图1-5(a)),也可以沿多个方向铺设(见图1-5(b)),航空领域中通常采用的是预浸料和编织层两种形式的单层。

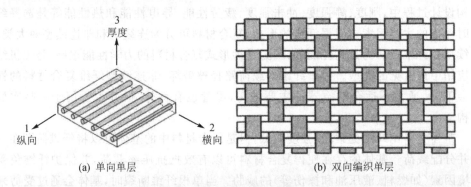

(a) 单向单层　　　　　　　　　(b) 双向编织单层

图1-5 复合材料的单层

预浸料是一种常见的形式,通过半固化状态的树脂预浸渍而成。在这种状态下,纤维和树脂结合在一起,但仍然具有足够的灵活性。预浸料的形式包括带状、条状、织物和薄板。带状预浸料是切成较小宽度的带子,当结构有复合表面(双曲面)或更小的细节需要成型时,带状预浸料具有很好的优势。

虽然在大型飞机上最常见结构的表面铺层是预浸料,但也可以是干燥的织物层。这些织物层是用一种未固化的低黏度树脂浸渍而成的,这就是湿敷法。湿敷法可以在修理中考虑使用,但通常不用于大型飞机的结构设计。编织层是预浸式或干式的。对于织物,如图1-5(b)中所示的平纹织物,织造过程中纤维不能保持平直,纤维的捆绑不像单向单层的那样紧密,这些特点降低了织物层的静强度和刚度。纤维的波纹对压缩载荷的影响尤为重要。然而,在复合表面上,织物比单向预压层更容易成型。编织层通常用于层合板的外层,以提高抗磨性能和抗冲击性能,同时有助于防止钻孔时的分层损伤。编织层由于采用了附加的织造工艺,其材料成本比单向单层高,但是由于层数减少,人工成本可能会降低。

1.2.3 层合复合材料

在工程应用中,复合材料层合结构由单层按照设计的纤维方向和次序叠压固化而成,这种有序的叠压可以提供所需的工程性能,包括平面刚度、抗弯刚度、强度和热膨胀系数等。单层通常是正交各向同性或横向各向同性的,表现出各向异性、正交各向同性或准各向同性。准各向同性层合板则呈现各向同性的平面响应,但不限于各向同性的非平面响应。根据单层的堆叠序列,层合结构可以表现出平面内响应和平面外响应之间的耦合特性。

尽管在层合板上的所有单层都可以沿相同方向铺设,但是单向铺设对于抗压强度、承载力、抗损伤强度、冲击强度和横向强度等是不可取的。实际应用的层合板通常是多向的,这意味着在层合结构中各单层中的纤维方向是不同的。本书中使用的单层坐标系如图 1-6(a)所示:1 方向(纵向)与纤维方向一致,2 方向(横向)与纤维方向垂直,3 方向为厚度方向,1-2-3 坐标系用于单层。x-y-z 是层合复合材料的全局坐标系,如图 1-6(b)所示,单层的方向角定义在 x-y-z 坐标系下。

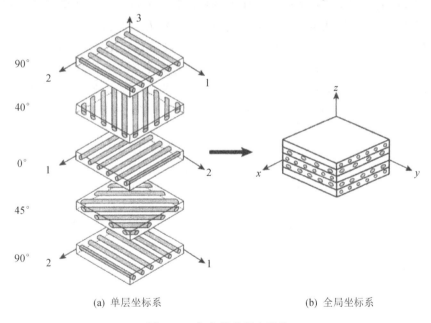

(a) 单层坐标系　　　　　　　　　(b) 全局坐标系

图 1-6　复合材料层合结构

在复合材料层合结构中,每一层的取向和位置可以用多种方式表达,虽然没有普遍的规则,但是存在一些常见的通用表示方法(如图 1-6 和图 1-7 所示):0°表示单层的 1 方向与层合结构的 x 方向一致;90°表示单层的 1 方向与层合结构的 y 方向一致;单层的 1 方向与全局坐标系 x 方向的夹角为 θ,逆时针方向为正,顺时针方向为负;铺层顺序中的第一层为底面;z 轴的原点位于层合板的中面上。

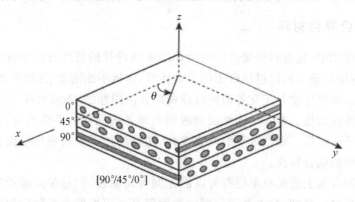

图 1-7 复合材料层合板的铺层顺序表示方法

对于由等厚度单层板组成的层合结构,仅用铺层角度即可准确表示其结构特性。假设有一个由 4 层单层板组成的层合板,从第一层到第四层的夹角 θ 分别为 $45°$、$0°$、$90°$ 和 $-45°$,则铺层顺序可表示为 $[45°/0°/90°/-45°]$。对于由不同厚度单层板组成的层合板,在铺层顺序表示式中还需体现各单层板的厚度。以上述由 4 层单层板组成的层合板为例,如果从第一层到第四层的厚度分别为 t、$2t$、$3t$ 和 $4t$,则铺层顺序可表示为 $[45°t/0°2t/90°3t/-45°4t]$,这种情况也可以用百分比表示。在本书中,如果铺层顺序中没有标明单层厚度,则默认为层合板是由等厚度单层板组成的。

就铺层顺序来说,层合板可分为对称、反对称和不对称三种形式。根据对称性,可以对对称层合板和反对称层合板的铺层顺序进行简化。对称层合板是指几何尺寸和材料性能都对称于中面的层合板,如层合板 $[30°/-60°/35°/35°/-60°/30°]$ 的表达式可简化为 $[30°/-60°/35°]_s$,其中,下标 s 表示对称铺层。对于层合板 $[30°t/-60°2t/35°3t/-60°2t/30°t]$,如果将 $35°$ 层看成两层厚度为 $1.5t$ 的单层板,则该表达式可简化为 $[30°t/-60°2t/35°1.5t]_s$。在实际工程结构中,常见由几个单层板组成的组合重复对称铺设的情况。例如,$[30°/-60°/35°]_{2s}$ 表示 $[30°/-60°/35°]$ 的组合对称铺设了两次,该层合板由 12 个单层板组成,其实际铺层顺序为

$$[30°/-60°/35°/35°/-60°/30°/30°/-60°/35°/35°/-60°/30°]$$

在反对称层合板中,与中面相对的单层材料的 1 方向与全局坐标系 x 方向的夹角正负相反,但几何尺寸对称且其他材料性能均相同,$0°$ 和 $90°$ 也可看成反对称角,这种情况一般由缠绕铺层产生。例如,层合板 $[30°/-60°/35°/-35°/60°/-30°]$ 的表达式可简化为 $[30°/-60°/35°]_{\bar{s}}$。

1.3 复合材料结构符合性证明依据

复合材料结构符合性证明依据《中国民用航空规章》第 21 部《民用航空产品和零

部件合格审定规定》、第 26 部《运输类飞机的持续适航和安全改进规定》。《中国民用航空规章》与《美国联邦条例汇编》第 14 卷相似。该规章规定的结构材料的安全性要求是最低要求,与结构材料类型无关。

鉴于目前航空规章所列要求主要是由以金属作为结构材料获得的使用经验演变形成的,FAA(Federal Aviation Administrartion,美国联邦航空管理局)针对聚合物基复合材料独特的固有特性及其在飞机结构应用合格审定中的新问题,依据航空规章要求,发布《咨询通告》AC 20-107《复合材料飞机结构》。其最新版本 AC 20-107B 对复合材料飞机结构(其中涉及纤维增强材料,如碳纤维和玻璃纤维增强塑料飞机结构)符合各规章审查要求,提出了一个可接受的但不是唯一的针对规章符合性的方法,其性质是指导性的而不是强制性的。AC 21-26《复合材料结构制造质量控制》和其他 FAA 技术报告也都是指导性的。

《美国国防部军用手册》MIL-HDBK-17F(现更名为 CMH-17F)《复合材料手册》(第 1~3 卷)是对聚合物基复合材料使用经验的总结,具有参考价值。

1.4 复合材料结构合格审定中的新问题

复合材料独特的固有特性,决定了复合材料结构设计是主导、材料是基础、制造是关键的各方面关系与地位。同时,使用经验表明,复合材料层合结构对环境因素、重复加载和外来物冲击等敏感,且破坏模式缺乏规律性并具有不确定性。上述特点使得复合材料结构合格审定出现一系列新问题。因此,在复合材料结构的适航审定中,需要重点关注以下问题:

(1) 要高度重视材料、制造控制和制造实施。材料和/或工艺变更需要重新审定。

复合材料结构特性与材料采购和加工工艺关系密切。材料标准只控制复合材料的原材料采购。给定复合材料的最终力学性能在很大程度上取决于制造产品零件时所采用的工艺方法。材料和工艺偏差会导致强度性能发生变异。

材料标准应根据材料合格鉴定结构制定。采购部门需要根据给定的材料标准选择材料供应商。对材料的采购、运输、贮存乃至制造、使用,实行全过程控制,以建立坚实的结构制造基础。

制定复合材料结构的制造工艺规范和实施控制的目的是确保制造结构的可靠。应采取必要的措施以控制和避免缺陷的出现。

由于复合材料新材料、新工艺的快速发展,在生产期间,经常会对初审时原已审定过的材料和/或工艺进行替代或变更,此时对复合材料结构必须重新审定。

(2) 材料和/或工艺偏差、环境因素(温度和湿度)、重复加载、允许的缺陷/损伤,以及维修不当等因素均可导致复合材料性能下降。结构设计和合格设定必须充分考虑这些因素。

(3) 构型几何不连续和材料不连续等引起的高应力集中,使细节设计成为复合材料结构设计的关键(决定因素)和合格审定的重点。另外,对结构设计的工艺可行性和制造工艺细节也必须给予高度重视,实现材料—设计—制造一体化。

(4) 结构胶结通常更关注胶结工艺细节。螺栓连接也是复合材料的薄弱环节,并有挤压-旁路载荷的特殊问题。

(5) 外来物冲击损伤是层合复合材料结构损伤容限设计主要考虑的损伤形式。对损伤检测程序和准则要特殊考虑。复合材料结构的意外损伤(如外来物冲击损伤)是对结构完整性的主要威胁。

(6) 热问题包括固化、热应力和毗邻热源的结构受温度影响导致性能下降等,在设计和验证中必须得到重视。在复合材料/金属混杂结构中,热膨胀系数差异带来的温度应力,应列入静强度分析和疲劳/损伤容限分析中。

(7) 复合材料导电能力远低于金属材料的,这使得在飞机结构中应用复合材料时,必须采取闪电防护措施,并进行闪电防护验证,而且闪电防护不仅要考虑闪电对结构造成损伤的直接效应,而且要考虑闪电对机载电源、电气设备、电子系统的间接效应。

(8) 碳纤维复合材料的准线弹性特性使其在遭遇追撞冲击时,有可能被损坏甚至压碎而伤害乘员;若发生火情,复合材料会释放有毒气体,并蔓延到客舱,从而危及乘员安全。

第 2 章　复合材料的原材料及性能

2.1　复合材料基体

2.1.1　环氧树脂

所有飞机超过 90% 的主承力复合材料结构中使用环氧树脂。环氧树脂的化学反应机理见图 2-1。经过鉴定，用于飞机结构的环氧热固性树脂具有不熔性及优异的耐介质性(通常吸湿率在 1%～5% 之间，具体取决于树脂配方和环境条件)。飞机结构常遇到的介质包括水、海水、抗燃液压油(含添加剂的磷酸酯液压油)、燃油、除冰液(如乙二醇或丙三醇)、侵蚀性清洗剂(如丙酮)等。必须分析这些介质对材料最终性能的影响，并作为材料鉴定扩展试验规划中的重要组成部分。

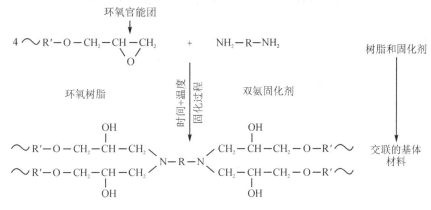

图 2-1　环氧树脂的聚合加成反应

固化环氧树脂遭到破坏时表现为脆性断裂。用于飞机结构的环氧树脂可能含有一定量的改性材料，如热塑性树脂或弹性聚合物，以改善断裂应变性能和提高材料的韧性。环氧树脂耐紫外线辐射性能较差，需采用表面涂层以提供长期保护。环氧树脂的温度稳定性取决于固化温度和分子结构的交联密度。

主要有两种类型的环氧树脂体系经过鉴定，并广泛应用于飞机结构：125 ℃ 固化环氧树脂体系和 180 ℃ 固化环氧树脂体系。后者比前者具有更好的温度稳定性，具体取决于树脂类型。固化环氧树脂最高可以在 120 ℃ 的潮湿环境下使用。最高使用温度主要受制于固化环氧树脂玻璃化转变温度 T_g，以及相应的安全余量，通常将 T_g

温度下调 30 ℃作为长期使用温度。为此目的进行的玻璃化转变温度 T_g 测试应采用经过湿热处理的材料,如试样材料要在一定温度和湿度条件下经过规定时间的暴露,直到吸湿率达到平衡状态。湿热处理的环境条件通常为 85% 的相对湿度和 70 ℃的温度。经过湿热处理的环氧树脂的玻璃化转变温度低于干态树脂的。环氧树脂的典型性能见表 2-1。

表 2-1 环氧树脂的典型性能

性能	典型值
拉伸强度/MPa	60~80
拉伸模量/GPa	3~4
断裂伸长率/%	2~8
密度/(g·cm^{-3})	1.1~1.3
收缩率/%	1~3

2.1.2 热塑性基体

所有飞机主承力复合材料结构中都仅有很少部分采用热塑性树脂。已通过鉴定并用于飞机结构的热塑性树脂主要有 PEEK(Poly Ether Ether Ketone)和 PPS(Poly Phenylene Sulfide)。

PEEK 是一种半结晶聚合物,密度为 1.32 g/cm³,熔点范围为 340~380 ℃,玻璃化转变温度 T_g 可达 140 ℃,拉伸强度为 90~100 MPa,拉伸模量为 4.0 GPa,断裂伸长率在 40%~50%之间。PEEK 对与飞机使用相关的介质均具有极好的耐受性,吸湿率很低(室温水浸泡饱和吸湿率约为 0.5%)。

PPS 也是一种半结晶聚合物,密度为 1.34 g/cm³,熔点范围为 280~290 ℃,玻璃化转变温度 T_g 约为 90 ℃,拉伸强度为 75~85 MPa,拉伸模量为 3.9 GPa,断裂伸长率为 5%~10%。PPS 的耐介质性能优异,吸湿率与 PEEK 相比更低(室温水浸泡饱和吸湿约为 0.1%)。

PEEK 和 PPS 与增韧环氧树脂的性能比较见表 2-2。

表 2-2 PEEK 和 PPS 与增韧环氧树脂的性能比较

性能	PEEK	PPS	增韧环氧树脂
密度/(g·cm^{-3})	1.32	1.34	1.3
熔点范围/℃	340~380	280~290	—
玻璃化转变温度/℃	140	90	150~170
拉伸强度/MPa	90~100	75~85	60~80
拉伸模量/GPa	4	3.9	3~4
断裂伸长率/%	40~50	5~10	2~8
室温最大吸湿率/%	约 0.5	约 0.1	1~5

碳纤维增强 PPS 的力学性能低于 PEEK 相应的力学性能。与环氧树脂复合材料相比,尤其在轻质结构设计中,碳纤维增强热塑性复合材料表现出优异的热/湿强度性能。碳纤维增强 PEEK 和环氧树脂复合材料性能比较见表 2-3。热塑性树脂复合材料的面内剪切强度和断裂韧性(G_{IC})性能优异,甚至在半结晶热塑性树脂玻璃化转变温度之上,如碳纤维增强 PEEK 和 PPS,仍可保持相对较高的强度和刚度水平,因为其结构中仅有无定形区域转化为橡胶弹性状态。

表 2-3 碳纤维增强 PEEK 和环氧树脂复合材料的性能比较

性能	方向	状态/温度	方法	PEEK~HTS45 单向带 (Tenax-E)	HTS40 F13 12k 环氧树脂 (航空级) (Tenax-E)
拉伸模量/GPa	0°	室温	EN2561	142	144
拉伸强度/MPa	0°	室温	EN2561	2 450	2 254
压缩模量/GPa	0°	室温	EN2850-A4	130	121
压缩强度/MPa	0°	室温	EN2850-A4	1 578	1 468
		湿热/70 ℃	性能损失	2%~3%	10%~30%
面内切变模量/GPa	±45°	室温	EN6031	5.5	4.8
面内剪切强度/MPa	±45°	室温	EN6031	144	104

注:(1) 树脂、纤维-树脂控制性能(与碳纤维/环氧树脂相比):室温下有改善;湿热环境下有大幅改善;
   (2) 纤维控制性能(与碳纤维/环氧树脂相比):室温情况相当。

热塑性树脂是可熔性的,高于熔点范围可以成型和焊接。由于可以采用冲压成型技术,碳纤维增强热塑性树脂复合材料尤其适用数量较多的小零件,如连接元件(耳片、支座、支架)的制造。由于上述材料价格相对较高,能够生产大型构件(机翼壁板、机身蒙皮)的高效制造技术尚不成熟,目前的攻关主要集中在改进快速自动铺带工艺技术,研发低成本、高性能的聚合物,改善电气性能等方面。

2.1.3 其他聚合物基体

酚醛树脂基于其优异的耐燃烧、烟雾少、毒性低等性能,主要用于舱内,但不适用于主承载飞机结构,因为与环氧树脂、PEEK 和 PPS 相比,其力学性能明显偏低。聚酯树脂也不适用于飞机结构,因为其在热/湿环境下的性能较差。

2.2 碳纤维

飞机主承力复合材料结构中处于支配地位的纤维材料是碳纤维。芳纶纤维容易吸湿,仅限于很特殊的用途。玻璃纤维能提供较高的强度,具有成本优势,但其模量相当于碳纤维的 1/3~1/4,密度也较高,不具备减重优势,仅有很少的现代民机结构采用玻璃纤维作为增强相。可获得的商业级碳纤维有不同的类型,典型商业级碳纤维的性能见图2-2。飞机结构最常应用的碳纤维是拉伸模量为240 GPa和拉伸强度为3 600 MPa的高强碳纤维(HT),以及拉伸模量为295 GPa和拉伸强度为4 700 MPa的中模高强碳纤维(IMS)。更高模量的碳纤维在制造期间,需要在惰性气体环境下进行更长时间的温度处理,制造成本更高。

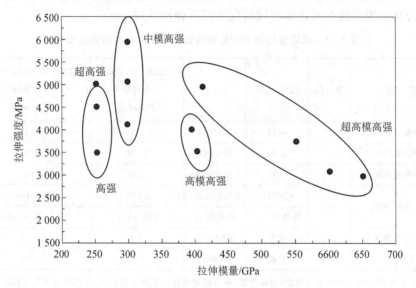

图2-2 典型商业化碳纤维的性能

飞机结构用的碳纤维通常由聚丙烯腈(PAN)合成纤维制成。通常丝束包括1k(1束1 000根单丝)、3k、6k、12k和24k;相应的线密度分别为67、200、400、800和1 600 g/km。碳纤维、玻璃纤维和芳纶纤维的主要性能比较见表2-4。

表2-4 几种纤维的主要性能比较

纤维类型		密度/$(g \cdot cm^{-3})$	拉伸强度/MPa	弹性模量/GPa		断裂延伸率 ε_b/%	$10^6 \cdot$ 热膨胀系数 α/K^{-1}	
				$E_{平行}$	$E_{垂直}$		$\alpha_{平行}$	$\alpha_{垂直}$
玻璃纤维	E	2.6	2 400	76	73	3	5	5
	R	2.53	3 500	86	86	4.1	4	4
碳纤维	HM1	1.96	1 750	500	5.7	0.35	-1.5	15
	HM2	1.8	3 000	300	—	1	-1.2	12
	HT	1.78	3 600	240	15	1.5	-1	10
	HST	1.75	5 000	240	—	2.1	-1	10
	IM	1.77	4 700	295	—	1.6	-1.2	12

续表 2-4

纤维类型		密度/ $(g \cdot cm^{-3})$	拉伸强度/ MPa	弹性模量/GPa		断裂延伸率 ε_b/%	$10^6 \cdot$ 热膨胀系数 $\alpha/$ K^{-1}	
				$E_{平行}$	$E_{垂直}$		$\alpha_{平行}$	$\alpha_{垂直}$
芳纶纤维	HM	1.45	3 000	130	5.4	2.1	−4	52
	LM	1.44	2 800	65	—	4.3	−2	40

注：HM—高模量；HT—高强度；HST—高失效应变；IM—中模量；LM—低模量。

通常生产 1 kg 碳纤维，需要消耗 2 kg 聚丙烯腈（PAN）纤维。典型的碳纤维制造车间的产能为 1 000 t/年。氧化工序尤其是碳化过程是高耗能的，需要的惰性气体量很大（一般 3 000 m³/h 的氩气），生产 1 kg 碳纤维需要的能量消耗是生产 1 kg 铝板的 2 倍。在进行材料采购和零件全生命周期分析时这些因素都要考虑。

2.3 热固性树脂预浸料

所有民机复合材料结构中超过 70% 使用的是热固性树脂预浸料。预浸料是一种由纤维和树脂组成的半成品材料。由于环氧树脂在目前应用中处于支配地位，以下叙述仅涉及此类预浸料。大多数预浸料中纤维相互平行，沿单向排列，但也有采用织物制成的预浸料。树脂重量含量通常为 35%~40%（等同于纤维重量含量 65%~60%），具体重量含量取决于后续复合材料零件成型工艺。在"零吸胶"情况下无树脂损耗，35% 树脂重量含量的预浸料理论上能够用于制造 60% 纤维体积含量的复合材料零件。由于半成品材料和制造工艺控制的差异，固化零件的纤维体积含量通常具有 4% 的误差。这些必须在复合材料设计许用值中有所考虑或体现。纤维体积含量的误差也会对零件厚度公差和装配产生一定影响。

可通过纤维重量含量 m_f 计算纤维体积含量 v_f：

$$v_f = \frac{1}{1 + \frac{\rho_f(1-m_f)}{\rho_m m_f}} \tag{2-1}$$

反过来也可通过纤维体积含量 v_f 计算纤维重量含量 m_f：

$$m_f = \frac{1}{1 + \frac{\rho_m}{\rho_f}\left(\frac{1}{v_f} - 1\right)} \tag{2-2}$$

上面两式中：ρ_f 是纤维密度，单位为 g/cm³（高强碳纤维密度通常为 1.77 g/cm³）；ρ_m 是树脂密度，单位为 g/cm³（增韧环氧树脂的密度通常为 1.3 g/cm³）。

采用"零吸胶"工艺，固化层合板的厚度 t (mm) 可计算如下：

$$t = \frac{m_A n_L}{\rho_f v_f} \tag{2-3}$$

式中：m_A——预浸料面密度，g/mm^2；
　　　n_L——层合板的铺层数；
　　　ρ_f——纤维密度，g/mm^3；
　　　v_f——纤维体积含量。

单向纤维固化层合板的拉伸模量 E_c 可按混合定律计算：
$$E_c = v_f E_f + v_m E_m \tag{2-4}$$

式中：E_f——纤维拉伸模量，N/mm^2；
　　　v_m——树脂体积含量；
　　　E_m——树脂拉伸模量，N/mm^2。

预浸料以卷材形式供应。卷材宽度主要取决于后续采用的制造工艺技术，通常预浸料的卷材宽度为 600 mm、300 mm 甚至更窄（分切带，最窄宽度(1/4) in，1 in＝2.54 cm）。它们均可用于纤维铺放工艺。但由于工序增加使成本提高，并且分切材料会造成材料浪费，因此越窄的带越贵。预浸料制备工艺原理见图 2-3。以一定的张力从卷筒上拉伸牵引出干纤维，并用梳状器尽量将其均匀展开。纤维束的数量（以及线束线密度值）取决于纤维面密度和预浸料面密度。预浸料面密度越高，则纤维线密度值和纤维束数量越高。与低线密度值纤维束相比，高线密度值纤维束的展开更加困难。

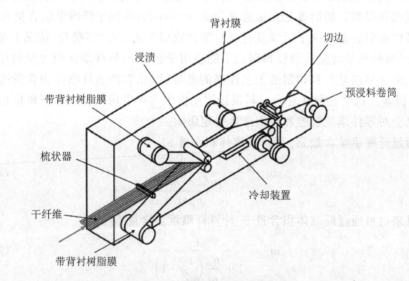

图 2-3　预浸料制备工艺原理

单向预浸带的面密度范围通常为 200~400 g/m^2，用于不同用途的不同等级面密度的预浸料已通过鉴定。固化单层厚度为 0.125 mm、0.184 mm 和 0.250 mm 的预浸料用途较广。对于采用 0°、±45°和 90°的多方向铺层的层合板，在相同总厚度、相同铺层比例的情况下，采用较薄的单向带铺贴完成的层合板的力学性能优于采用较厚的单向带铺贴完成的层合板。

在位于两个加热辊之间的狭缝处，纤维被树脂挤压包覆并浸渍，树脂由两卷（上和下）背衬膜输送至浸渍部位。在大多数情况下，并不是所有纤维单丝都能够做到完全微观浸润，相邻纤维之间的无树脂区域很常见。在后续飞机结构零件制造过程中，采用适当的工艺方法可以实现微观浸润（无空隙），但在预浸料制备过程中，应保证树脂分布均匀、浸润程度适当，以避免在后续零件制造中出现"干斑"、空隙或富脂等。预浸料在冷却单元中冷却，切除其多余边料至要求宽度，然后卷绕在筒轴上（通常由纸板制成）。收卷时上面再覆盖一层防护膜（或背衬膜）将预浸料分隔开，使预浸料在后续制造工序中更容易使用。浸渍点的温度和浸渍时间对环氧树脂的影响需仔细考虑：既要温度足够高以降低树脂黏度，确保纤维能够充分浸润，也要将此阶段引起的交联反应控制在一定限度内。在制造过程中，最终固化前预浸料应保持一定的黏性和成型性；另一方面，一定程度的交联可以帮助提高树脂的稳定性，以满足预浸料贮存期和操作期的要求。

浸渍纤维采用防护膜隔离的方式卷绕在卷筒上。通常情况下，防护膜为厚度 $40~\mu m$ 的聚乙烯薄膜，将预浸料彼此分开，避免相邻层之间黏结，使后续制造工艺和操作更加容易。用于自动铺带工艺的一卷预浸料长度通常为 300 m。

预浸料卷筒采用塑料袋封装，并贮存在 $-18~℃$ 或以下的环境中，以减缓环氧树脂的化学反应（交联）。预浸料制造商承诺的贮存期是 $-18~℃$ 条件下 12 个月。环氧树脂预浸料在飞机结构制造车间的操作期（有时又称适用期）通常为 20 天，其中包含 10 天黏性期（用于铺贴操作），以及在标准操作条件下（即温度为 $25~℃\pm2~℃$、相对湿度 $45\%\pm4.5\%$）10 天的准备时间。一旦此期限中的任何一项超期，则预浸料均不能使用，因为材料鉴定时确定的许用值（零件设计所需特殊材料性能）未考虑禁止出现的预浸料预固化情况。

2.4 层合板性能

180 ℃固化环氧树脂中模（IM）碳纤维层合板在不同条件下的典型力学性能见表 2-5。层合板拉伸强度和拉伸模量是由纤维控制的。按照混合定律，单向层合板中树脂模量对复合材料模量的贡献可以忽略不计，因为树脂模量约为中模碳纤维的 1/70。在此范围内拉伸模量不受温度和湿度的影响，因为在连续单向纤维试样中，在破坏的初始阶段树脂不起载荷传递作用；但在湿热环境下拉伸强度会降低，因为在高温和吸湿情况下树脂会软化并损失强度，纤维-树脂界面黏结也会受到不利影响。由于缺乏纤维间传递高剪切载荷能力，与室温/干态条件下相比，层合板在 90 ℃/湿态条件下拉伸强度下降约 15%。在仅有±45°双向铺层的层合板中，树脂性能决定复合材料的 0°拉伸性能，因为在此类型层合板中没有 0°连续单向纤维存在，载荷只能由树脂传递。高温和吸湿会降低层合板的强度和刚度，与室温/干态条件相比，层合板在90 ℃/湿态条件下强度下降几乎达25%。

表2-5 中模碳纤维/环氧树脂复合材料的典型性能(60%纤维体积含量)

性　能	室温/干态	70 ℃/干态	70 ℃/湿态[①]	90 ℃/湿态[①]
0°拉伸强度 MPa	2 786	2 585	2 577	2 354
0°拉伸模量/GPa	175	175	177	176
±45°剪切强度/MPa	112	107	85	84
±45°切变模量/GPa	4.4	4.1	3.6	3.4

① 湿态指在70 ℃和相对湿度85%的条件下达到吸湿平衡(吸湿率<2%)。

第3章 复合材料的制造工艺

3.1 预浸料热压罐工艺

大多数复合材料的飞机结构部件都是由预浸料通过热压罐工艺制成的。首先,将预浸料从库房(如-18℃的冰柜)中取出,将其加热到室温后打开包装;然后,将其裁切成特定的形状,并按照特定的铺层顺序铺放到模具上,铺上真空袋,抽真空;接着,将真空袋放入特定温度和压力的热压罐中,直到树脂固化;最后,待真空袋冷却后将其打开,将预浸料裁切成特定的轮廓并进行质检。在过去的20年中,预浸料手工裁切和铺放已经越来越多地被自动工艺所取代;然而,至今仍然有很多工艺需要人工完成,尤其是铺放和拆开真空袋。

预浸料卷被保存在链斗式提升机中,并通过计算机辅助对材料类型和操作寿命进行监控。裁切时将预浸料放到一个平台上,用一个固定的或振动的刀具将其自动地切割成片材,刀具安装到龙门架上,并可以在 x 和 y 两个方向上移动。对不同的结构零件,有可能需要将预浸料切割成数以千计的不同形状片材。

这个操作一般需要足够宽的空间,以容纳1.8 m宽的预浸料卷,切割台面有可能长达30 m或更长。切割台面上多层堆叠起来的预浸料可以通过一次切割完成。另一种办法是,使用一个传送机,一次只快速切割一层预浸料。值得注意的是,可以通过一些专业软件来优化切割形状的排列方式,以尽可能减少切割剩余废料,尽管如此,还是不能完全避免产生废料。生产废料会被固化,最终被"降级回收",例如将短碳纤维用于其他产品。通常情况下,对于碳纤维增强复合材料加工工艺,原材料的总量与成品量的比率介于1.2~2之间(对于铝合金机加件,该比率可能达到20)。

预浸料在模具上的铺放可以通过激光进行辅助定位。大多数长度超过3 m的模具是由含镍约36%的合金钢制成的,以达到与碳纤维复合材料具有相同的低热膨胀系数的目的。也可以采用碳纤维增强复材模具,但其对磨损敏感以及表面易被腐蚀的特点导致其工作寿命有限。对一些小零件,也可以采用钢制模具。

3.2 自动铺带工艺

为了在大型模具上铺贴"极长"的单向带,可以采用自动铺带(ATL,Automated Tape-Laying)工艺,这是因为一些零件的净尺寸成型要求(如机翼壁板)需要应用自动化设备。这种工艺从20世纪80年代开始应用于飞机结构生产,最早在一些小型零件的平面铺贴时使用,之后逐渐改进,目前它可以用于大型和复杂形状的零件,见表 3-1。

表 3-1 自动铺带工艺的发展

项 目	20 世纪 70 年代	20 世纪 80 年代	20 世纪 90 年代	21 世纪 10 年代
飞机型号	A300	A310/A320	A330	A350XWB
铺带工艺	手工铺贴	9 轴自动铺带	11 轴自动铺带	11 轴自动铺带
复杂程度	—	二维、有限的三维	中等三维	带转向的三维
尺寸/m	—	7	12	33
材料类型	预浸料织物	单向带	单向带	单向带
材料宽度/mm	—	75	150	300
功能材料	手工铺贴	手工铺贴	手工铺贴	自动铺贴

自动铺带头可以安装在一个龙门架上,以便于控制 x、y 和 z 方向的运动以及将铺带头垂直于某个表面时所必需的轴转动。铺带头携带预浸料,预浸料由辊子张紧,然后根据设计定义的铺层顺序,将其以 0°、±45°或 90°的方向铺贴到模具上。对辊子在 z 方向上施加一个压力,以确保预浸料与下面铺层之间获得必要的黏合,并对铺层进行预压实。

现代自动铺带机一般采用 300 mm 宽的预浸料,最大工作速度可达 300 m/h(根据预浸料的面密度,等于 15~20 kg/h 的铺放速率),并且可以处理典型的曲率和飞机翼型所需的表面几何形状。尽管如此,在必要的加强区(局部加厚)铺放效率会降低。为了适应局部厚度变化而产生的铺层爬坡,需要在一定范围内通过自动铺带才能实现。因为单卷预浸料的长度是有限的(大约 300 m),而一个机翼蒙皮或尾翼蒙皮可能需要数千米长的预浸料,所以自动铺带过程中需要中断作业以更换材料。玻璃布预浸料、剥离层或者雷电防护层等功能材料也可以进行自动铺放。图 3-1 给出了自动铺带制造的 A350 飞机的加筋机翼蒙皮。

图 3-1 自动铺带制造的 A350 飞机的加筋机翼蒙皮

3.3 自动纤维铺放工艺

如果需要制造形状复杂且带曲度的零件,有可能需要使用自动纤维铺放(AFP,Automated Fiber Placement)工艺,该工艺有时又称为"丝束铺放"。与自动铺带的一个主要不同是:自动纤维铺放使用了一种分开控制的窄带(一般为 1/2、1/4 或 1/8 in 宽),即使在非线性轨迹上也可以覆盖模具表面,可最大限度地减少不需要的间隙或重叠,这些路径对于使用"刚度较大的"带的自动铺带工艺来说可能无法实现。但是,它的原材料有可能比标准宽度的预浸料更加昂贵,因为它是通过分切预浸料来制造零件的,这将在工艺链中增加成本。

图 3-2 显示了一个现代的自动纤维铺放机器的实例。窄带(多达 32 个平行丝束)的供料速率可以单独控制,在纤维铺放过程中,丝带可以被独立地分配夹紧、切割和重启,这为局部厚度变化或切割提供了高度的灵活性。除了自动纤维铺放头可以多维运动外,模具也可以实现转动。实际中(纤维铺丝工艺),典型的铺放速率介于 5~10 kg/h 之间。自动纤维铺放工艺可以制造形状复杂的机身壁板。

图 3-2　5 轴自动纤维铺放系统

图 3-3 是 A380 飞机的机身后段,该处蒙皮需要被设计成复杂的几何外形,这不仅是因为机身的锥度所致,也是因为水平安定面的转动需要一定的间隙。

图3-3 A380飞机的机身后段(蒙皮为自动纤维铺放制造,框为RTM工艺制造)

3.4 拉挤成型工艺

对于有固定截面形状的长条零件,如地板梁或蒙皮筋条(长桁),自动拉挤可作为手工铺贴成型的一种经济的替代工艺。如图3-4所示,日本的Jamco公司研发了一

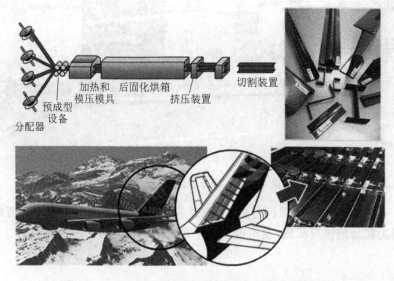

图3-4 Jamco公司先进的自动拉挤工艺和长桁的形状

种使用预浸料带的自动拉挤工艺。纤维方向分别为 0°、±45°和 90°的预浸料带从分配器中牵出,供应给一个不连续的挤压工序。特定形状的阴模和阳模在给料过程中交替打开,随后又合在一起进行加热和加压。在后续的烘箱中完成最终固化。

T 形长桁可以通过纵向切割 H 形剖面长桁获得。减重孔需要额外的切割工序,如图 3-5 所示为 A380 飞机的地板横梁剪力腹板。自动拉挤工艺适用于固定截面形状和非弯曲剖面,然而,这个工艺过程对形状复杂或弯曲的筋条(如机身框)来说非常困难,因此需要开展进一步的研究。

(a) 带双层地板结构的机身截面

(b) 碳纤维增强复合材料制造的带减重孔的上地板梁

图 3-5　A380 飞机的地板横梁剪力腹板

3.5　蒙皮-长桁一体化成型工艺

飞机承载结构的整体化设计方案(如机翼或机身壁板)常常需要加筋和蒙皮,以避免发生屈曲。可以采用多种不同的工艺将蒙皮和长桁组合在一起。

(1) 共固化:若干未固化的零件通过一个固化周期形成一个整体件。

(2) 共胶结:将未固化的零件放到固化完成的零件上(反之亦然),通过加温、加压使未固化的零件固化,同时将其与已固化的零件黏结在一起。

(3) 二次胶结:已经固化的部件在另一个独立的工序中通过胶黏剂胶结在一起(通常需要加温和加压)。

3.6 热压罐工艺

热压罐对于多种尺寸和工艺参数的零件均具备商业应用的可行性。用于制造飞机结构的热压罐的直径可以达到 8 m 甚至更大,长度可以超过 35 m,温度可以达到 400 ℃以上(特别对于采用 PEEK 基体的热塑性复合材料),压力可超过 30 bar(1 bar=101 kPa);但是对于大多数情况,热固性环氧预浸料使用的热压罐固化温度为 180 ℃,压力为 7 bar。

氮气填充在热压罐中,形成不活泼气体环境,以避免起火燃烧。图 3-6 所示为已经包好的预浸料铺层准备进入热压罐加热、加压。在多数情况下,真空袋制袋是人工过程。模具通常涂抹脱模剂以避免零件或树脂黏结在模具上。

图 3-6 准备热压罐固化的带有真空管的真空袋封装预浸料零件

碳纤维复合材料零件的表面通常覆盖有带孔的隔离膜,使得铺层内的空气或挥发物在固化阶段溢出。这种剥离层,如尼龙织物,在使用过程中必须经过仔细的分析和验证,并在固化结束后去除,再进行其他后续工序。剥离层可以使零件表面保持清洁和活化状态,为后续的胶结和喷涂工序做好准备。

根据使用的预浸料类型(非零吸胶或零吸胶),以及不同的工艺参数,有时有必要使用吸胶材料(通常是厚聚酯织物)来吸收固化过程中多余的树脂。另一种薄膜,如尼龙聚酰胺,用来隔离铺层和匀压板,可以放置在剥离层的上面。使复合材料制件平整且表面光滑的匀压板(由金属或碳纤维复合材料制造)可以在一些特定情况下或者仅在一些零件的特定部位使用。压力垫通常是硅橡胶材料,也可以用在局部来确保足够且均匀的压力。这在边缘或圆角处是很必要的,特别是共胶结工艺中,将已经固化的零件放置在未固化的预浸料层合板上。

表面透气织物(通常是聚酯材料)放置在真空袋下面,给碳纤维复合材料铺层的空气溢出提供真空通道,为此,表面透气织物应与边缘透气织物连通。最后,将真空袋(如聚酰胺材料)放置在整个铺层的最上面,再使用柔性胶带密封零件周围。真空袋必须有足够的柔性来保证压实过程中均匀的压力分布。抽真空和热压罐产生的压力会压实层合板,根据不同零件厚度和零件尺寸,该过程会引起较大的位移(有时几毫米,有时几厘米,对于固化后碳纤维复合材料零件,其典型厚度公差为10%)。要保持真空袋具有足够的柔韧性,有时需要使真空袋形成多个褶皱,这种褶皱提供冗余的材料,并且随着热压罐压力的施加,这些有褶皱的真空袋会伸展,以保证真空袋具有足够的柔韧性。假如真空袋柔韧性不足,零件上难以保持足够的压力,甚至真空袋会被撕裂而导致复合材料构件报废。

在将制袋完成的零件推进热压罐之前,要仔细检查其真空情况。用真空泵将真空袋中的空气吸出,同时监控真空袋里的压力数值。当热压罐加压时,为了保护真空泵在真空袋破损时不被热气损伤,通常关闭真空泵。在许多情况下热压罐要加到 7 bar 或更高的压力以确保层合板被压实到规定的厚度、纤维体积含量以及浸润质量。理想的层合板应没有孔隙,但通常允许有小于或等于2%体积的孔隙率,该孔隙率对很多零件是可接受的。不同位置的热电偶监控的零件温度是不一样的,这是由于热压罐内不同部位的空气流速不同,热传导是不均匀的;另外,零件厚度和真空辅助材料厚度也有差异。此外匀压板、局部采用的压力垫或者模具厚度的变化都会导致温度分布的不均匀。由于热惯性的存在,在加热和冷却期间,零件的温度随空气温度的变化会有滞后。零件冷却到可接受的温度后,模具就可以从热压罐中移出,并进行脱模。

对于碳纤维复合材料零件,下游工序还有外形加工和质量控制。

尽管其他的固化工艺过程已经出现并经历了数十年的研究,热压罐工艺仍然在飞机结构制造中占据统治地位,这不仅由于它的通用性和灵活性(大型热压罐可以同时装载很多不同尺寸的不同零件),更重要的是其成型质量具有可控性,这对于其他替代工艺来说仍是较大挑战。材料和工艺变更后,必须重新进行认证的高昂成本也阻碍了固化工艺的改变。

3.7 编织注射工艺

编织注射工艺的基本思路是利用编织制造工艺的自动化和高性价比的潜力(在纺织和服装工业已经发展了数十年),将接近净尺寸的织物预成型件与所需的高分子基体通过液体树脂注射的方法结合起来。与预浸料工艺相比,编织注射工艺可以节省约20%以上的材料费用,因为浸润步骤不再是价值链中的一道额外工序,而是飞机结构制造商手中的一道下游工序。不同类型的碳纤维(包括玻璃纤维和芳纶纤维)

增强体已经研发出来并商业化(见图3-7)。

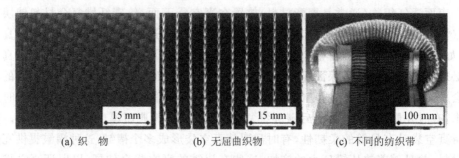

(a) 织　物　　　　　(b) 无屈曲织物　　　　(c) 不同的纺织带

图3-7　一般编织增强体

最常用的编织增强体是机织织物,可以外涂热固性或热塑性胶黏剂。胶黏剂可以受热激活并在预成型制造过程中发挥作用,例如,在不同的织物层间提供足够的黏结力以方便后续的处理工序。织物有不同的编织类型、厚度和面密度。无屈曲织物已经成功用于飞机结构。与机织织物不同的是,无屈曲织物的纤维几乎是直线的(机织织物的纤维沿经纬向呈现典型的起伏)。另外,还可以制造具有0°、+45°、-45°和90°方向的多层、多轴向无屈曲织物,并根据设计需要进行剪裁。某一层内的和层间的纱线通过缝合纱线固定,这种缝合纱线会导致纱线之间的局部错位,与单向带相比降低了材料的力学性能。也可以采用其他的编织形式,例如,编织管甚至是干纱(像在圆角处填充的材料)。在高承载区域可以使用特别定制的纤维方向来增强材料的力学性能。通常来说,高面密度的织物在制造时可提高生产率,但对层合板的力学性能会有负面影响。

编织注射工艺中,制造飞机结构零件最常用的一种加工方法是树脂传递模塑(RTM,Resin Transfer Moulding)。通过适当的预先裁切和黏结制成三维编织预成型件,主要步骤包括:

(1) RTM模具(通常为殷瓦钢金属阳模和阴模)预热,一般加热到80～120 ℃;

(2) 在模具腔内放入干纤维编织预成型件;

(3) 闭合模具,织物被压缩到零件尺寸,然后密封模具;

(4) 锁紧模具(防止在注射过程中模具被误打开);

(5) 模具抽真空(压力典型值<10 mbar);

(6) 在压力下注射预热的液体树脂(压力典型值<7 bar);

(7) 模具加热到固化温度(典型值为180 ℃);

(8) 零件固化(典型固化时间90 min,由树脂决定);

(9) 模具冷却;

(10) 零件脱模。

根据零件加压表面的不同,模具和夹紧装置可能很重。在封闭模具中的注射压力和周围大气压间存在7 bar的压力差。与预浸料热压罐工艺相比,使用这种模具内部体积固定的 RTM 工艺可以达到良好的重复性和很小的厚度公差(典型值为 0.1 mm 或更小),而且零件表面的质量也很好(与模具表面质量有关)。

具有一定厚度和形面复杂的带接头零件先天就适于采用 RTM 工艺制造。固化后的 RTM 接头和垂尾预浸料制造的壁板通过共胶结工艺在热压罐中一起成型。

对于中等尺寸和大尺寸(数平方米)飞机零件,批量生产中涉及的两个主要工艺类型是树脂膜熔渗(RFI,Resin Film Infusion)和树脂熔渗(RI,Resin Injection)。

对于 RFI 工艺,树脂初始不是以液态而是以薄膜形式提供的,放置在邻近增强织物的位置或夹在纤维预制体中间。对于 RI 工艺,使用的是液体树脂,将其按需要的量灌注在模具中,然后将增强织物放置在上面,见图 3-8。这些工艺主要适合于像肋一样的薄零件。上述工艺可以在热压罐中固化;也可以在无压力的烘箱中固化,或者使用加热工具并采用非热压罐工艺进行固化。对后者的情况,在抽真空的情况下零件上仅施加了大气压力,此时需要分析该压力下是否能确保复合材料制件的孔隙率符合要求。

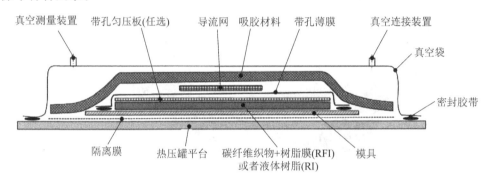

图 3-8 RFI 或 RI 的工艺装置

RFI 和 RI 工艺制件的厚度公差与闭合模具 RTM 工艺生产的零件相比较差,这是由于模具的一半是柔性而非刚性的,工艺方法不是基于等体积的而是基于等压的。使用 RTM 工艺比较容易控制纤维体积含量。

另一种先进树脂注射工艺是真空辅助工艺(VAP,Vacuum Assisted Process),该工艺将半透薄膜覆盖在增强织物上,允许空气通过薄膜溢出,但是不允许液体树脂流出。VAP-AP(VAP with Automatable Process Setup,使用自动化设备的 VAP)是一种新的自动化工艺。超快速树脂分布是一种受专利保护的新工艺,通过使用一种特殊的树脂流动辅助技术,迅速将大量树脂分布到整个零件表面上。

对于所有树脂注射工艺来说,根据环氧树脂的黏度和固化行为来确定工艺参数都是很重要的。黏度与温度和固化度相关。随着环氧树脂从室温被加热到所需的温度,布朗运动的加剧导致黏度逐渐降低。在很短时间内(如 RTM 环氧树脂只有几分钟),一个很明显的现象就是温度越高黏度越低。低黏性更有利于织物快速和完全地浸润。另一方面,在高温下分子交联反应会被激活和加速,从而导致黏性增加。树脂完全浸润织物的时间与零件的尺寸相关。为了防止过度交联反应引起黏性增加而不能完全浸润,必须选择适当的温度。在大多数情况下要将树脂黏度降低到 50 mPa·s 以下。

在随后的固化过程中,为了获取最优的材料性能,特别是湿热环境下的性能,希望得到高的分子交联。玻璃化转变温度 T_g 是描述交联度和高温下材料力学性能的一个很好的指标。利用动态力学热分析(DMTA,Dynamic Mechanical Thermal Analysis)方法对 180 ℃ 固化的环氧树脂在干态和湿态下的储能模量的测试显示,初始玻璃化转变温度 T_g(湿态)为 167 ℃。

A380 飞机应用树脂注射工艺的概况见图 3-9,批量生产的超大型树脂注射零件是 A380 飞机的后压力框,在 A350 飞机中还有其他部件也选用了类似的工艺。与采用传统闭合模具 RTM 工艺将编织预成型件放入模具和合模中需要很少的人工操作不同,单面模具树脂注射工艺(如 RFI,RI 或 VAP)包含许多劳动密集型和时间密集型的步骤。

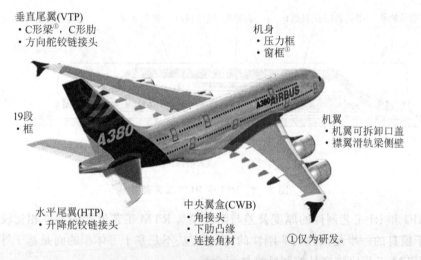

图 3-9　A380 飞机应用的树脂注射工艺

与预浸料热压罐工艺相比,编织注射工艺可以达到节省材料费用和降低制造成本的目标,但其材料力学性能较低仍然限制了零件的应用范围,难以满足飞机结构应用需求。特别是与新一代增韧预浸料相比,非屈曲织物的压缩强度和挤压强度都存在劣势(开孔压缩强度约低 10%,冲击后压缩强度约低 30%,挤压强度约低 20%)。

3.8　热塑性复合材料工艺

应用于飞机结构的热塑性复合材料主要是通过冲压技术在较短的生产期内制造的小型和薄壁零件。为了制造这种零件,有机板剪裁成的原料被夹紧、加热、软化(聚合物树脂被加热到熔化温度以上)并在一个组合的金属模中被压机迅速冲压成型。热塑性树脂在闭合模具形成的压力下冷却和固化。当压机打开时,成型的固体零件脱模,压机可被用于下一个零件制造。每个零件典型的生产周期可以小于 2 min。图 3-10 显示了该工艺的主要步骤。

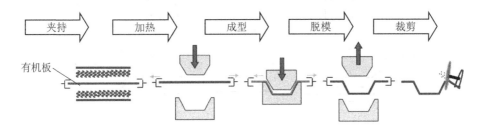

图 3-10　模压的主要步骤

PEEK 和 PPS 是最常用的聚合物,不同类型的多层织物可以在连续和不连续的过程中被这些聚合物浸润,制成厚度为 0.3~5 mm(也可以更厚)的平板。如果需要缩短生产周期,则需要在加压(通常几个大气压)的金属模具中进行快速的冷却和重复压实,这将导致没有足够的时间保证纤维间的树脂流动和丝束间的孔隙清除。对于想要获得无孔隙零件的高质量快速冲压工艺来说,需要使用已经被完全微浸润的有机板材料,例如,每一根纤维丝都被热塑性树脂提前浸润。

为了将有机板成型,需要对树脂进行加热使其软化,对于 PEEK 温度要远高于 380 ℃,对于 PPS 则要高于 290 ℃。这可以采用基于热对流、热传导和热辐射等原理的设备来实现,但使用红外辐射进行双面加热是生产中最常用的方式。根据铺层厚度的不同,对于 PEEK 和 PPS 基体的有机板,根据板厚不同,红外辐射的加热速率可以达到 2~7 ℃/s。应特别关注加热阶段结束和冲压成型阶段开始之前的时间段,因为加热结束后热对流和热辐射会导致有机板的温度下降。有机板中必须存储足够的热能以使整个板在成型过程中温度始终保持在熔点之上,从而能够实现所有必要的成型过程。通过加热层合板使其温度达到远高于 PEEK 或 PPS 聚合物的熔点之上可以满足要求,但必须避免聚合物的性能退化。

图 3-11 给出了影响成型机制的关键因素,对于织物增强热塑性材料成型机制的关键因素包括剪切变形和层间滑移。

与铝合金板等具有塑性变形能力的材料可以通过拉伸成型不同,对于多轴连续纤维增强材料来说,由于起增强作用的碳纤维(或玻璃纤维)为非延展性材料,且其最大弹性伸长率仅为 2%(玻璃纤维约为 5%),无法实现通过减小厚度来增大局部面积,为了实现铺贴,剪切变形是必要的。

层间滑移对层合板在曲率位置的弯曲是必需的。层间滑移约束会导致扭曲、分层、纤维错位、纤维重叠、局部过压,甚至导致纤维损伤。成型温度过低、垂直于层合板平面的压力过高,或者层合板内部的相邻铺层被机械固定等因素都会限制层间

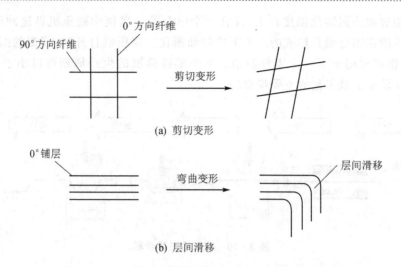

图 3-11 织物增强热塑性板(有机板)成型机制示例

滑移。

图 3-12 罗列了热塑性复合材料的工艺现状、主要挑战和展望。用于冲压成型适宜的碳纤维增强 PEEK 和 PPS 有机板已经进入商业应用；然而与环氧预浸料相比，材料费用仍相对较高，而且半成品材料的尺寸和能通过冲压成型工艺制造的零件尺寸都还受到限制。

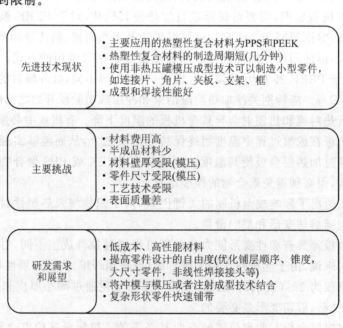

图 3-12 热塑性复合材料的工艺现状、主要挑战和展望

一种正在开展的有前途的研究是将冲压成型、模压成型或注射成型的方法结合起来,将一个零件的多向连续长纤维增强的区域与非连续纤维增强的区域组合在一起。非连续纤维增强的热塑性复合材料部分在加热时能够流动,可以成型非常复杂的型状,从而增加零件的刚度和功能性(例如,成型非常薄的翼肋、光滑的过渡表面、局部载荷传递区域,以及与金属零件的连接区域等)。将来,非连续的纤维增强热塑性复合材料可以通过生产废料或加热服役期限已满的热塑性零件的复合材料制造而成。回收纤维长度的分布控制技术,以及产品相关部位再生纤维排布方向的控制技术,都是未来的研究重点。

对有机板材料的冲压成型工艺的一种改进方向是使用浸润的非屈曲织物,以便于提高其力学性能(尤其是压缩强度)以及挖掘其与传统织物相比重量更轻的潜力;另一种改进方向是使用带有一定铺层顺序的有机薄板,针对具体零件的需要,除了包含 0°和 90°纤维外还可以包含±45°纤维。

目前热塑性复合材料工艺主要用于小型零件,如角片或支架的批量生产。为了拓宽其潜在的应用范围,特别是实现对尾翼壁板、机身壁板和机翼壁板上大型的,具有复杂外形的,带有优化的铺层顺序、局部厚度变化、开口以及表面质量要求的零件的批量生产,从而避免使用热压罐和省去与热压罐工艺相关的高消耗操作,热塑性复合材料的自动铺带工艺有待进一步研发。

最后,能将大型形状复杂的零件焊接在一起的全自动焊接工艺还需要进一步发展。感应焊接是一个很有前途的工艺,有潜力实现展向和环向蒙皮连接以及蒙皮与筋条的连接。

3.9 纤维缠绕工艺

虽然使用热塑性材料进行纤维缠绕(如图 3-13 所示)有很多优点,但在批量应

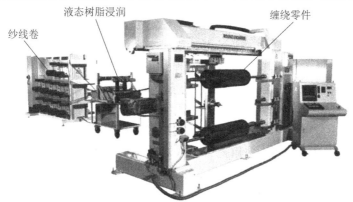

图 3-13 纤维缠绕

用中制造回转体零件的主要工艺仍然基于热固性树脂。回转体零件的应用实例包括支撑客舱地板梁的压缩撑杆、机身内连接头顶行李舱的拉伸/压缩杆、压力容器(如液压系统)或者存储容器(如用于存放饮用水和废水的容器)。

纤维缠绕先是将纱线从纱架抽出,再通过树脂槽浸润,并张紧缠绕到一个型芯(或里衬)上。此外,也可以使用预浸料(一般是单向带)。由于纱线的缠绕位置可以沿型芯的轴向移动,铺层的铺放顺序可以由缠绕机完全控制。当缠绕速率达 100 m/min (对预浸料缠绕的情况)时,缠绕率有望超过 100 kg/h。在后续工序中,需要对环氧树脂进行加热,通常是在烘箱中进行。

图 3-14 显示了 A380 飞机的机身横截面。A380 飞机有两层客舱地板。每层客舱地板都由横梁(水平梁)支撑。下层地板的横梁通过垂直方向的撑杆支撑,撑杆再与机身框相连。上层地板的撑杆位于机身顶部的下方。

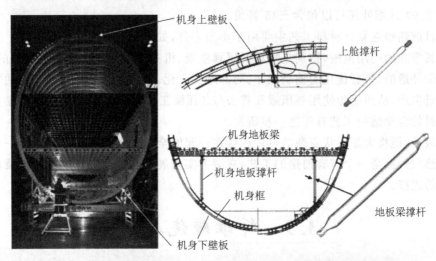

图 3-14 A380 飞机的机身横截面(包括客舱地板、地板梁撑杆和上舱撑杆)

图 3-15 显示了一些通过纤维缠绕工艺制成的碳纤维增强复合材料的拉-压撑杆的实例(左右两件被喷上了白漆),其两端带有金属连接及传载零件。

图 3-16 给出了一个压力容器的实例。金属压力容器通过芳纶纤维进行加强(图中纤维沿环向清晰可见,用于承受压力容器的环向载荷)。

图 3-17 罗列了纤维缠绕工艺的现状、面临的挑战和发展前景等。最近的一些研究集中于改善缠绕速率,开发了一种新型环形缠绕头,可以同时处理 12×4 个 24k 的碳纤维纱卷,见图 3-18。利用连续注入液体树脂的虹吸浸润单元可以实现快速的微浸润。每一个缠绕臂连接一个浸润单元,每个浸润单元可以同时容纳 4 组丝束。目前可以实现 30 m/min 的高速缠绕(接近 4 kg/h),且成型的铺层孔隙率低于 2%。

还有一些研究聚焦载荷传递的先进理念。一个具体的挑战是如何提高地板撑杆在压缩情况下吸收能量的能力,以支撑机身结构满足抗坠撞性能的要求。为了探索

图 3-15　A380 飞机的碳纤维增强复合材料的拉-压撑杆

图 3-16　A320 飞机的 I 类液压压力容器((11/200) bar)

碳纤维复合材料的高吸能破坏的机理,对多种不同的方案进行了探索。

一项最新的研究旨在发展低成本、高性能的树脂体系,其主要成分包括耐高温的氰酸酯、环氧树脂、催化剂和纳米尺度的增韧材料(重量接近 20%)。虽然增韧的组分很高,但新的树脂配方是零挥发分的,并且可以在 50~100 ℃ 的中温条件下保持低黏度状态(<1 Pa·s)。它的玻璃化转变温度(T_g)可以达到 420 ℃,因此使用温度高

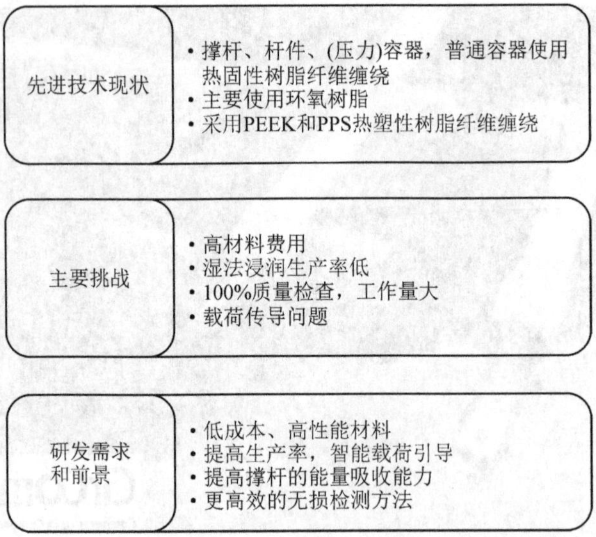

先进技术现状
·撑杆、杆件、(压力)容器，普通容器使用热固性树脂纤维缠绕
·主要使用环氧树脂
·采用PEEK和PPS热塑性树脂纤维缠绕
主要挑战
·高材料费用
·湿法浸润生产率低
·100%质量检查，工作量大
·载荷传导问题
研发需求和前景
·低成本、高性能材料
·提高生产率，智能载荷引导
·提高撑杆的能量吸收能力
·更高效的无损检测方法

图 3－17　纤维缠绕工艺的现状、面临的挑战和展望

缠绕机器接口
伺服驱动设备
浸润单元
纱线
可旋转绕丝头
缠绕臂

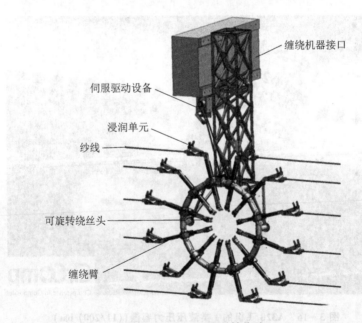

图 3－18　IVW 环形缠绕头

达 400 ℃。这项进展使碳纤维复合材料在高温承载区域的应用成为可能。

最终，与其他制造工艺一样，纤维缠绕需要对所有零件进行无损检测(主要是孔隙率和分层)，这对制造费用有着重要的影响，因此迫切需要先进的检测技术来加快检测速度和降低检测难度。

3.10 连接和胶结

3.10.1 紧固件连接

紧固件连接在将单个的碳纤维零件组合成为复杂的子装配、子组件和主要组件等方面仍然占据统治地位。钛合金紧固件因其出色的抗腐蚀能力,应用范围最广。紧固件连接的优点包括:

(1) 具有大量的使用经验;
(2) 在技术和操作层面上,在世界范围内可用性强(修理厂也如此);
(3) 工艺实施速度快,可以实现全自动化,具有非常短的生产周期;
(4) 适用的铆钉和螺栓种类齐全;
(5) 质量保证容易实现;
(6) 组装好的部件可拆卸分解;
(7) 螺接结构修理方法已获得认证;
(8) 不会因为温度和压力而需要特殊设备(与胶结相比)。

常用的紧固件见图3-19。它们都有一系列不同的直径和长度规格,以及不同的头型。对于碳纤维增强基复合材料(CFRP,Carbon Fiber Reinforced Plastics)接头,在不可见区域一般使用凸头型;对于气动表面一般使用沉头型(凸头会在表面产生阻力)。

图3-19 常用紧固件

对于紧固件连接接头来说,载荷传递的主要原理是基于剪切。螺纹接头的一般原理是通过螺纹旋合产生正压力,将零件A和B压在一起以确保零件间不会产生相对滑动,但这种原理并不适用于碳纤维复合材料接头。这是因为聚合物易发生蠕变,即使高纤维体积含量的碳纤维复合材料亦如此,这会使螺纹连接的 CFRP 接头丧失正压力。

当钛合金螺栓用于碳纤维复合材料连接时,通常采用过盈配合。间隙配合在零件受载和相对滑动时可能引起螺栓歪斜,倾斜的螺栓会在层合板边缘产生很高的挤压载荷。过盈配合在螺栓插入时会遇到问题,因为较高的 Z 向力会使孔边产生分层。

全自动紧固件连接工艺包含的可能的工序:

(1) 在碳纤维复合材料零件的贴合表面涂密封剂并夹紧;

(2) 钻孔(例如,使用多晶金刚石涂层工具进行螺旋钻孔或振动钻孔);

(3) 钻孔时依靠吸力吸走碎屑;

(4) 将碳纤维复合材料零件和金属(铝)零件连接,钻孔过程中金属零件应该在出刃一侧,以避免碳纤维复合材料的孔被金属碎屑损伤;

(5) 如果需要,应在制孔的同时制成沉头孔;

(6) 使用密封工具在孔表面涂覆密封剂;

(7) 插入紧固件;

(8) 形成紧固件连接头;

(9) 松开夹紧区域。

现在自动化紧固件连接设备可以每分钟安装 15～20 个钉,包括上面列举的所有步骤。图 3-20 显示了 360°机身自动紧固件连接和螺母安装的飞机机头段。

图 3-20　360°机身自动紧固件连接和螺母安装的机头段

一架现代飞机上含有超过 100 000 个铆钉(一个 A380 垂尾含有约 10 000 个铆钉),这些紧固件在全机材料成本中占比很大。虽然前文所述的碳纤维复合材料紧固件连接的诸多优点使钛合金紧固件连接成为排名第一的连接工艺,但仍然有以下几个缺点不能忽视。

(1) 钛合金紧固件的重量占比很大,接近整个飞机复合材料构件重量的5%;

(2) 引入的缺口系数会带来额外的重量增加,例如,由于开孔需要增加材料厚度,在所有后期可能进行紧固件连接维修的部位都需要增加材料厚度;

(3) 对于CFRP零件的最小厚度设计来说,沉头铆钉的拉脱是一个重要的约束指标(例如,在满足强度和稳定性准则的前提下原本可以选择更小的CFRP蒙皮厚度,以及更轻的重量);

(4) 在靠近螺栓区域,为了避免边缘放电或者雷电效应,特别是在机翼盒段和油箱区,需要对紧固件采取特殊的闪电防护措施;

(5) 合金铆钉价格昂贵,对于一些构件,仅铆钉成本就可能占到整个构件成本的5%。

3.10.2 胶结连接

对胶结连接来说,如果待连接的一个或所有零件为未固化状态,将零件通过树脂的胶结能力连接成一个整体是很常见的工艺。本小节则专门讨论二次胶结,即每个独立的CFRP零件在胶结前已经固化。

最常采用的胶黏剂材料是环氧胶膜,以不同的宽度和厚度规格成卷供应。所有不同的胶膜材料都是经过认证而满足二次胶结工艺要求的,通常需要180 ℃热压罐固化条件。胶膜带有可去除的被衬材料以及一层织物载体(可选),以便于确保胶膜的厚度均匀。

胶膜胶结工艺的一个最重要的步骤是表面预处理。不同的表面预处理方法如下:

(1) 去除剥离层(目前常用的方法,优点是简便、快捷,但是剥离层必须无污染且无隔离剂);

(2) 吹砂(缺点是材料去除量难以控制,还存在粉尘问题);

(3) 等离子(缺点是材料去除量有限);

(4) 激光(缺点是比去除剥离层昂贵);

(5) 打磨(缺点是难以自动化,材料去除量难以控制)。

一种符合规定的常用方法是在胶结前直接去除剥离层(因为处理过的表面在通常条件下容易被污染,根据胶结工艺规范的要求,这些操作必须在限定的时间内完成)。

激光剥离已经越来越多地应用于喷漆前的表面预处理,并且可以在很短的时间内处理较大区域的表面(一个脉冲1 kW的二氧化碳激光发生器可以在大约20 min内扫描完一个复合材料垂尾蒙皮的外表面)。

吹砂和打磨操作很难控制。图3-21是采用扫描电子显微镜获得的CFRP打磨面的图像。打磨的表面即使在吹砂处理后仍然带有研磨料,还需使用全面超声波清洁以完全去除微粒。

(a) 吹砂后的CFRP表面经空气吹净后的图像

(b) 超声清洁后的图像

图 3-21 采用扫描电子显微镜获得的 CFRP 打磨面的图像

然而,剥离层也可能导致不满意的胶结结果。对后续胶结操作的剥离层(在它们从 CFRP 零件移除后),必须进行仔细的分析以确保像碳-氟化合物等有害的成分没有残留在 CFRP 零件表面,因其会降低胶结构的性能。

对准备胶结的处理过的 CFRP 表面的一种简单而有效的检验方法是水膜破裂试验。用水浸润经过预处理的 CFRP 表面。零件表面上被水膜破坏的区域就是被污染的区域。已经针对大型零件研发出自动化方法,由质检人员进行目视检查。但是,检查后的零件必须在应用胶黏剂胶结前进行干燥。

除了对表面处理和固化过程参数的准确监控外,通常还要准备随炉试样(例如,用同样材料制造的小试件与对应零件在同样条件和同一罐中同时固化),然后通过材料性能试验(如搭接剪切和断裂韧性)检验胶结接头的质量。所有 CFRP 零件的胶结接头都必须通过超声波进行仔细的检测。总之,必须指出的是,对于二次胶结,质量保证的工作量是很大的。然而,鉴于过去发生过意想不到的胶结接头失效事件,特殊的设计特征应该必须满足适航认证要求,以证明即使在特定胶结面失效的情况下,相关结构也具有足够的承载能力。

胶结不是目前常用的结构修理手段。胶结工艺的发展方向主要是解决胶结工艺的全自动化、快速固化和可分离胶结接头等问题,以及完善高性能胶结材料体系。

3.10.3 焊 接

目前复合材料零件的焊接只能应用于热塑性 CFRP。CFRP 的焊接在飞机结构零件的批量生产中应用还不广泛,因为热塑性复合材料零件在现在的 CFRP 飞机结构应用中只占很小的比例(重量占百分之几)。

超声波焊接利用超声区域产生的机械振动(振动频率>16 kHz)进行焊接,通过振动的吸收和反射以及焊接界面的摩擦使树脂熔化。在进入热压罐工序前,超声波也可用来修理热塑性半浸润铺层。

热塑性复合材料的振动焊接技术已经存在数十年并且已经研究得很透彻,然而受到零件复杂性和组件尺寸的限制,其不能用于大型飞机结构件焊接(如蒙皮-长桁的连接、蒙皮接头等)。

一个很有应用前景的研究方向是适用于大型和形状复杂复合材料结构的感应焊接工艺。该工艺依靠感应线圈产生热量。感应线圈与电源相连,通过突变的电流(典型频率400~900 Hz,电压150 V)产生变化的磁场。变化的磁场可以产生涡流,涡流可以在一个特定的感应材料(如一种金属网)上产生,也可以在CFRP铺层内部产生。涡流和交变磁偶极子的迟滞效应都会释放热量而使聚合物熔化。通过在焊接区域施加压力,再通过冷却压实完成连接。实际应用中可以通过可调的金属滚轮实现焊接。包含感应设备和滚轮的焊接头可以安装在机器人上,以实现连续的复杂曲率的焊接或点焊。这种技术也可以用于零件的预装配,在紧固件连接前为其提供足够的固定强度。

现在的研究工作聚焦于焊接区域的温度控制和焊接速度的提高。对于2 mm厚的复合材料零件,已经在实验室成功达到0.5 m/min的连续焊接速度。

表3-2给出了主要CFRP飞机结构不同连接技术的对比。与螺接接头相比,CFRP零件胶结接头的优势在于构件的重量增加少。然而,只有在胶结修理能够完全替代螺接修理后,这种重量优势才能完全得以体现,而目前这种替代还不现实;在此之前为了应对开口问题,仍需要在CFRP结构上增加额外的材料厚度。

表3-2 主要CFRP飞机结构不同连接技术的对比

准则	螺接接头	胶结接头	焊接接头
经验	++	+	-
自动化程度	++	-①	+
单品生产时间	++	-①	+
质量保证工作量	+	-	0
可分解性	+	-①	0
维修性	++	-	0
外观质量	-	+	+
阻力	-	+	+
重量	-	+	+
对非经常性成本的影响	-	-①	0
对经常性成本的影响	-	0	+

注:"+"表示水平高,"-"表示水平低;
① 胶结接头是指使用胶膜材料和热压罐工艺;其他胶膜和工艺也可能有更好的表现。

CFRP 的承载胶结接头的主要挑战是目前在批生产中还没有一种简单、快速、高性价比的质量检验方法来确保胶结区的力学性能。

热压罐固化对非经常性成本的不利影响，可以通过使用快速固化的先进胶膜来降低；对经常性成本的不利影响可以通过提高自动化程度来进行持续的改进。焊接技术由于其加工时间短、合适的设备成本和经常性成本低等潜在的优势，将会随着未来热塑性复合材料的应用扩大而逐步得到推广使用。

3.11　制造技术选择

图 3-22 给出了主要制造技术及其飞机结构应用案例，按可能的零件尺寸（"小"表示厘米到米的范围，"中"表示从米到 10 米，"大"表示零件长度超过 10 米）和零件复杂程度（"低"表示平面或简单曲率结构，"中"表示更复杂的 3D 构造结构，"高"表示整体化的加筋结构）进行区分。每种制造技术都给出了一些典型飞机结构应用实例。在预发展阶段，为了给特定的零件选择合适的制造工艺，详细列举零件的一些重要判据是非常必要的。因此，所有重要判据都应被识别并罗列出来，并按优先次序排列。

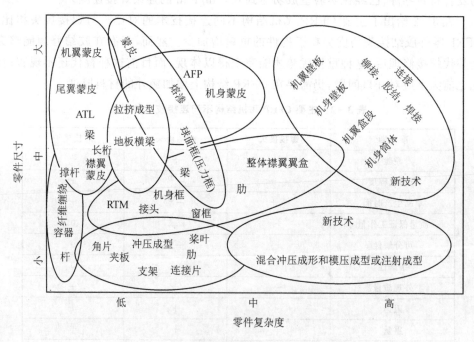

图 3-22　主要制造技术及其飞机结构应用案例

与零件属性相关：

(1) 零件尺寸；

(2) 零件厚度；
(3) 结构构造复杂性（平面、单曲度、双曲度、下凹形……）；
(4) 公差；
(5) 轻质结构设计优化（纤维平直度、铺叠顺序、纤维体积含量、坡度斜率……）；
(6) 表面粗糙度；
⋮

与零件质量和费用相关：
(1) 品质影响；
(2) 自动化潜能；
(3) 生产周期；
(4) 能源消耗；
(5) 材料利用率；
(6) 后续处理的工作量（机械加工……）；
(7) 质量保证工作量；
(8) 模具费用（非经常性成本）；
⋮

与原材料、半成品材料和辅助材料相关：
(1) 材料费用；
(2) 材料供应状态（宽度、厚度……）；
(3) 材料供货能力（单供应源、双供应源……）；
(4) 辅助材料费用；
⋮

与资源相关：
(1) 现有生产设备；
(2) 新设备费用；
(3) 现有熟练员工；
(4) 现有供应商（制造而不是购买）；
⋮

其他判据：
(1) 制造过程的灵活性/兼容性以便于适应后续零件设计状态的变化；
(2) 零件处理；
(3) 零件回收；
(4) 全寿命分析、碳排放、清洁能源；
⋮

第4章 复合材料结构的损伤检测

早期复合材料无损检测方法主要沿用金属的无损检测方法,由于复合材料是各向异性的,损伤与缺陷形式复杂且呈多样性,其无损检测比各向同性材料更为复杂,传统的无损检测方法不能完全解决复合材料的检测问题。20世纪80年代后,许多适应复合材料结构特点的无损检测新技术、新方法相继诞生。本章介绍复合材料损伤检测技术,包括无损检测和破坏检测,其中无损检测包括目视检测、敲击检测、超声波检测、X射线成像以及其他特殊无损检测方法。

4.1 复合材料损伤检测方法概述

复合材料损伤检测方法一般分为两大类:无损的和破坏性的。常用的是无损检测方法,因为它们不会伤害部件和(或)影响其实施功能的能力;然而,它们在检测和(或)确定某些缺陷和损伤类型中有局限性。破坏性检测方法的使用是有选择性的,因为它们通常会使部件变得无法使用;然而它们能检测出很多存在的缺陷和损伤,这是无损检测方法做不到的。不同的检测方法分别适用于不同缺陷和损伤的检查。表4-1汇总了各种常用无损检测方法可检测的缺陷和损伤。

表4-1 各种常用无损检测方法可检测的缺陷和损伤汇总

检测方法	缺陷类型							
	脱胶	分层	凹坑	裂纹	孔洞	湿气	灼伤	雷击
目视检测	√	√	√	√	√		√	√
敲击检测	√	√	√	√				
X射线照相		√	√		√			
超声穿透法检测	√	√						
超声脉冲反射法检测		√						
超声波脱胶检测	√	√						

现代无损检测的定义是:在不破坏材料或构件的情况下,采用某种技术手段,对被检对象表面与内部进行探测,结合一些先验知识,从接收信号中提取需要的信息,以确定材料或构件是否具有完整性,或者测定材料或构件的某些性质。按照这个定义,有几个方面值得注意:无损检测作为应用技术,其检测能力往往受到工作原理的限制;无损检测作为技术,其检测能力会受到工作条件的限制;无损检测作为科学,它属于信息领域的逆问题范畴;无损检测的检测结果具有某些不确定性,需要先验知识

作为补充。

在检测能力方面,各种复合材料无损检测方法能够解决复合材料检测的大多数问题。迄今,一方面,还没有一种无损检测方法可以检测某种复合材料的所有缺陷,更没有一种无损检测方法可以检测各种复合材料的所有缺陷;另一方面,没有一种缺陷可以被所有的无损检测方法检测到。实际的情况是,一种无损检测方法能够检测复合材料的多种缺陷,而一种缺陷可以用多种无损检测方法检测到,而且往往不同的无损检测方法可以检测到缺陷的不同方面。因此,在只需要知道是否存在某种缺陷时,可以选择最容易发现该种缺陷或最经济的发现该种缺陷的方法。而在需要对缺陷有全面了解时,或者希望检测结果有非常高的可靠性时,往往需要根据不同的要求,采用多种方法对复合材料进行检测,使各种方法的检测结果相互补充。

在工作条件方面,原则上讲,下面所讲述的各种无损检测方法都是针对大面积的均匀复合材料进行检测的。对于构件的边、角、几何形状迅速变化的区域,检测将变得十分困难,一些非标准的方法可能更为需要。例如,检测直径小于 6 mm 的管道弯头时,超声探头需要穿上特殊的异形"鞋子",标准的超声探头是没有用的。对于每个具体的检测新问题,需要详细分析问题的特征,选择某种或某些无损检测方法,并对这些方法进行适用于本检测问题的某些改造,才能获得满意的效果。

对检测结果具有不确定性方面,应该认真对待,仔细分析影响测量结果的各个因素,补充先验知识,正确提取信息,才能得到满意的结果。例如,对于利用测量超声波衰减来标定空隙率的问题,因为很多因素会影响超声波的衰减,所以要确定空隙率就必须排除空隙率以外的其他因素对超声波衰减的干扰。

复合材料的无损检测有以下三个方面的特点,导致它与其他材料的无损检测方法存在显著的差异。

首先,复合材料的结构特点使其无损检测方法与其他材料的无损检测方法存在显著的差异。复合材料是由两种或多种性质不同的材料组合而成的,而且往往具有特殊设计的某种对称性的微结构。因此,它们的力学性能和其他物理性能呈现显著的各向异性,而大多数多晶金属材料一般被看作各向同性材料。复杂结构和各向异性使得对复合材料的无损检测方法与对多晶金属材料的无损检测方法可能会有很大的不同。更进一步来说,对各向异性物质的检测,特别是对复合材料的检测,其难度远大于对各向同性材料的检测。某些复合材料及其构件的特殊构造,常常会引发全世界都感到棘手的极具挑战性的问题。这些因素都逼迫人们去寻求无损检测的新方法。

其次,通常设计复合材料的目标是使其具有高的比强度和比模量,复合材料的组分常常选用非金属材料(如碳、树脂等)和低密度金属材料(如铝等)。这往往导致复合材料具有导电性差、热导率低、声衰减高、射线透明度高等特点。因此,复合材料的无损检测方法具有自己鲜明的特点。

最后,复合材料及其构件的制造工艺特点使其无损检测方法与其他材料的无损检测方法存在显著的差异。复合材料及其构件制造工艺的特殊性,使产品可能产生诸多缺陷,其中有许多缺陷是复合材料所独有的,而且这些缺陷往往呈现明显的离散性。此外,复合材料内部含有纤维或颗粒等物质,它们会形成一些微小的结构。这个特点使得复合材料通常具有比较强的结构噪声,从而只能得到较差的缺陷分辨率。有的复合材料会吸收水分,有的复合材料对温度和湿度敏感,这些因素都使复合材料的无损检测方法具有自己的特色。

4.2 目视检测

目视检测是无损检测的最基本方法。采用目视检测可发现复合材料构件上的擦伤、划伤、穿孔、裂纹、撞击损伤、压痕、雷击损伤、烧伤和紧固件孔损伤等表面损伤以及构件边缘的分层和脱胶损伤。对于擦伤、划伤等表面损伤,还可确定其损伤的面积和损伤的程度。在进行目视检测时,因环境、条件不同,检查技术要求不同,以及限于视线可达性和视力的局限性,有时还需借助一些简单的工具(如手电筒、放大镜、反光镜和内窥镜等辅助工具)来实施目视检测。

目视检测还作为无损检测的预先检查方法,在所有复合材料部件进行无损检测之前,凡是能够目视检测到的部位,都必须进行目视检测。然而,目视检测也有其局限性,例如,对于复合材料构件的内部分层、脱胶、蜂窝夹芯的损伤及其积水等无外表征候的缺陷和损伤,目视检测无法检测出损伤,也无法确定其损伤的程度与范围。这种情况就需要用到其他无损检测方法。

目视检测广泛用于复合材料及胶结零件的检查,特别是复合材料成品零件在服役使用阶段的检验。目视检测的主要优点是速度快、操作简单和具备检测多种缺陷的能力。目视检测通常可以检测复合材料结构表面和近表面区域的缺陷,观察到明显的结构变形、变色、断裂、表面划伤、裂纹、起泡、起皱、凹痕等结构异常。肉眼是很善于发现异常的。对于表面裂纹的检查,通常即使采用了其他的无损检测方法,目视检测仍广泛用于有效的补充验证。在目视检测操作前,操作人员通常需要对试样的表面做一些必要的准备工作,如清洗、去除待检样件表面的油漆及尘土等。

目视检测时对检测结果影响最大的是检测人员的眼睛。当检测人员用眼睛直接观察工件表面时,常因灵敏度不足、精确性不佳或无法接近检测区域执行检测任务等问题,很难达到有效检测的目的。这种情况下通常需要借助辅助装置有效增进眼睛的敏锐性,最终达到精确检测的目的。目视检测辅助装备有很多,依其特性大致可分为量具装备、光学装备两大类。

量具装备是目视检测中重要的组成部分之一,可以用来测量和记录检测的结果。常见的量具装备有直线长度测定器具、标线片、光学比较仪和其他各种各样的测量装置,如间隙测量规、半径量规、深度量规、内卡尺、外卡尺、定心规、塞尺、螺丝规和千分尺等。

折射镜、放大镜是最简单的光学器械。放大镜主要在观察小于0.2 mm目的物时使用。目视检测常采用10倍放大镜来检查复合材料部件的缺口、裂纹、掉漆、破碎、分层、局部或整体脱落及表面热损伤等缺陷。待检部件表层起泡、掉漆等表面情况往往是复合材料表面损伤的标志。借助辅助工具可以有效地提高目视检测的检测效率。

内窥镜是用于观察物体内部的装置。内窥镜是医疗和工业部门中很常用的光学器械。检测复合材料的部件,如机翼、玻璃钢管道和容器等,常用内窥镜。与放大镜一样,内窥镜是一种古老的目视检测工具;与放大镜不同,内窥镜是一种完善的目视检测工具。标准的内窥镜是一段细管,其中含有一些透镜、反射镜、棱镜、玻璃或光纤等的组合。目镜与物镜分别在细管的两端。观察者透过目镜来看在另一端物镜外面的景象。现代优越的光学系统、高强度的照明光源和变焦摄像技术等使得现代内窥镜具有强大的功能。

内窥镜有刚性内窥镜、柔性内窥镜和柔性视频内窥镜等不同种类,可以适应不同的检测需求。

刚性内窥镜是由刚性金属管和管子内部的透镜光学系统组成的。图像从内窥镜的远端传送到目镜。刚性内窥镜适用于从插入点到被检查的区域是直线通道的场合。

柔性内窥镜(有时也称为光纤内窥镜)使用一根或一束光导纤维(简称光纤)来传送光学图像。光纤是用光学玻璃制作的细纤维,可以使光线沿着弯曲路径很好地传送。柔性内窥镜可以灵活地绕过障碍到达不是那么容易检测到的待检测区域。光纤用不锈钢护套保护,可以反复弯曲,其直径通常是3~12.5 mm,工作长度为600~3 650 mm。图4-1为一市场上常见的柔性内窥镜。

柔性视频内窥镜与柔性内窥镜相似,只是柔性视频内窥镜安装有视频摄像系统。它用摄像机取代了物镜,用视频电缆取代了光纤束,用电视监控器取代了目镜。图像可

图4-1 柔性内窥镜

以放大以便于仔细观察,视野可达90°,探头能够上下左右转动。目前,柔性视频内窥镜最小的直径可达9.5 mm,其工作长度可达30.48 m。

在所有的无损检测方法中,目视检测应用广泛、操作简单、快速、直观、方便并且经济实惠。目视检测的成本一般比较低。目视检测对检测条件的要求也不是很高,它只要求有良好的光照明和检测人员有良好的视力。对于玻璃钢等透明的复合材料,能够利用透射光检查内部的缺陷。尤其对于检测环境狭小的复杂零件,在其他无

损检测方法被限制使用的情况下,一般可以应用目视检测。

目视检测对材料表面的瑕疵、腐蚀情况、胶结情况和表面处理情况等都有一定的检测能力。如果由有经验的专业人员操作,可明显地提高检测的可靠性。如果能够进行定期检测,也能明显地提高检测的可靠性。

目视检测也存在一定的局限性,主要表现在:该检测方法被限制在检测表面破损或近表面缺陷,而且只能检测到明显的缺陷;传统的目视检测主观性很强,它强烈地依赖检测人员的视力,现代的目视检测使用摄像记录技术可以改变这种状况;由于试件形状和检测现场的限制,某些试件还存在待检部位难以接近的问题;当可接受的缺陷很小而检查面积很大时,检测的可靠性较低,存在较大的漏检可能;目视检测对表面涂油漆的组件的适用性很有限。该检测方法一般作为其他无损检测方法的有效补充。

4.3 敲击检测

敲击检测是一种采用专用的敲击棒、敲击锤、硬币或者仪器等检测工具轻轻敲击被检测复合材料结构表面,通过辨听敲击声音的变化来确定损伤的检测方法,如图4-2所示。敲击检测是一种常用但比较粗糙的检测方法。这种方法简便易行,常常作为其他无损检测方法的前期检测或补充检测手段,具有较高的实用价值。敲击检测可用于检测复合材料构件的分层、脱胶、树脂固化不完全和某些裂纹等损伤。敲击检测特别适用于检测层数小于或等于3层的层合板的分层损伤。

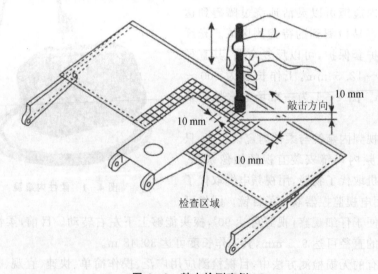

图4-2 敲击检测实例

这个方法采用一个实心的圆盘或重量轻的锤状工具敲击所检测的区域,并细听结构对于敲击的响应:清晰尖锐的铃状声音表明所测区域是一个胶结良好的整体结构,而低沉或砰砰的声响表明所测区域是异常的区域。敲击的速率应当足够快,以便能产生足够的声响并用耳朵能辨别出任何的声调差异。对于胶结在加筋条上的薄蒙皮、具有薄面板的蜂窝夹芯板,或者厚层合板的接近表面部分(如旋翼飞机的叶片支座),敲击检测都是有效的。但这个方法本身有可能把结构内部元件变化所产生的音调改变误认为缺陷,而这实际上是设计的结果。应当在尽可能安静的地方,由熟悉零件内部构型的人员进行敲击检测。

在复合材料修理中,常规敲击检测工具有敲击棒和敲击锤等。波音飞机无损检测手册和空客飞机无损检测手册对敲击检测工具及其使用的要求略有不同。

波音公司推荐采用敲击棒实施敲击检测。敲击棒可以从波音公司购买,也可以用铜、铝或钢材加工制作。敲击棒的具体尺寸、形状及要求如图4-3所示,敲击棒的质量要求小于114 g。当使用敲击棒进行敲击检测时,其敲击检测扫描方式如图4-4所示。其中,扫描方式1用于对没有被修理过的结构进行检测,扫描方式2用于对修理过的区域进行检测。扫描检测时需要扩大检测的区域使其至少是缺陷区域尺寸的1/3。

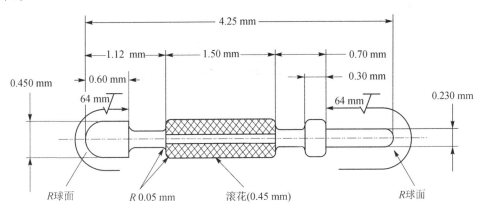

图 4-3 波音公司手册推荐的敲击棒

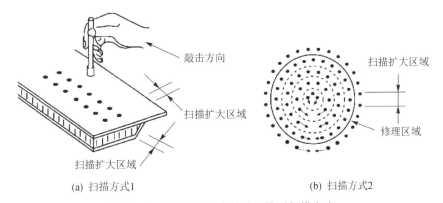

图 4-4 波音公司要求的敲击检测扫描方式

空客飞机无损检测手册推荐的敲击棒和敲击锤,其尺寸、构型如图4-5所示。使用敲击检测工具以10 mm间隔的网格形式敲击检查损伤区域的整个表面,如图4-6所示。同时,要以轻而稳定的动作敲击。在没有分层或脱胶的区域,敲击时会产生清脆的声音;在有分层或脱胶的区域,敲击时会产生沉闷的声音。

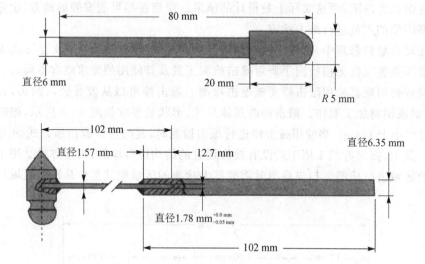

图4-5 空客飞机手册推荐的敲击棒和敲击锤

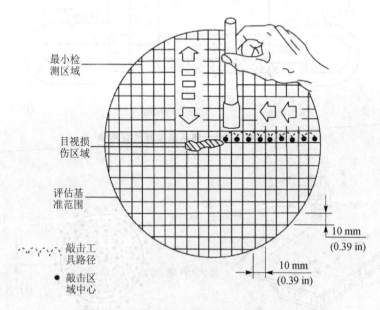

图4-6 空客公司要求的敲击检测扫描方式

人工敲击检测对检测人员的经验要求较高,因为检测的效果在很大程度上依赖检测人员的经验。该方法对环境也有要求,在嘈杂的环境下检测易受干扰。

硬币和小锤的敲击检测特别适合检测结构像三明治的薄的工件。敲击检测对缺陷的敏感性随着试样中缺陷深度的增加而下降,所以更适合检测近表面缺陷。蜂窝结构上的脱粘也很容易检测出来,但是很难检测出实心的薄层缺陷。在实际复合材料检测中,检测脱粘的能力与产品的材料和结构有关。一般来说,比较大的脱粘检测效果较好。

人工敲击检测要求在激励时仔细听声调以区分良好与异常区域发出的不同声波,在检测过程中需要对检测区域使用标准敲击锤。检测到不连续的可能性主要取决于被检复合材料壁板材料的类型。

敲击检测具有以下明显优势:简单、廉价、易行;非常适合检测脱胶和分层缺陷;可以大面积覆盖检测区域;原则上,位于待检构件任何部位的小缺陷都可以通过单一的声学量表示,这使得此项技术非常适于复合材料零件在线缺陷检测;易于与其他多种检测方法,如谐振检测和机械阻抗检测等集成在一起,只需改变探头即可。

同时,敲击检测也存在一些局限性:在薄的面板上,硬币敲击容易产生不希望有的小凹痕,影响美观;存在发生冲击损伤的风险;可应用于几种主要的特定类型的缺陷,但微气孔群等缺陷通常很难检测出来;检测速度相对缓慢并且检测点的覆盖率低;对于用人耳接收声信号并做出判断的情况,检测结果的可靠性很大程度上取决于检测人员的经验;敲击检测的数据质量不如集成热图检测和激光错位成像检测等其他的现代方法。

4.4 超声波检测

超声波检测是目前复合材料结构修理中一种最为重要和广泛应用的检测方法,可检测复合材料结构中的分层、脱粘、气孔、裂缝、冲击损伤等大部分损伤,定性定量准确。

4.4.1 超声波检测原理

超声波检测是一种无损检测方法,它利用压电传输元件将超声波脉冲传入被测构件中,当遇到损伤或缺陷时,超声波脉冲会产生界面反射,或产生声速和能量衰减的变化,通过接收、分析这些信号及其变化,从而确定损伤或缺陷的大小、位置。用于复合材料结构损伤检测的超声波频率一般为 $1\sim 10$ MHz,常用频率为 5 MHz。超声波检测的主要优点是穿透力强、检测灵敏度高、检测方便和对人体无害等。超声波检测在技术上比较成熟、检测仪器成本低、结构轻便,尤其是便携式超声检测仪,在外场维修检测中使用十分方便。超声波检测在复合材料无损检测中已得到广泛应用。

已经证明超声波检测是检测复合材料零件内部分层、空隙或不一致情况的有效方法,这些缺陷是用目视检测或敲击检测无法检测出的。然而,有很多种超声波检测技术,每种检测技术都采用一个频率高于音频的声波能量。一个高频声波被引入零件,所导引的声波行进方向或者垂直零件表面,或者沿着零件表面,或者相对零件表面呈某个规定的角度。因为只沿一个方向传递的声波可能是不可接收的,所以要使用不同的方向;然后,监视所引入的声波沿指定路线穿过零件时是否有明显的变化。

超声波的特性与光波相似,当超声波碰到阻挡的物体时,波或能量或者被吸收,或者被反射回表面上;然后这个被干扰或削弱的声波的能量被接收传感器接收,并转换送入示波器或曲线记录仪显示出来。操作者能够从这个显示中相对已知的正常区域,对比评价异常的显示。为了便于比较,要建立并利用参照的标准来标定超声波检测设备。

超声波检测在重复的制造环境下使用良好,但在修理环境下,面对安装在飞机上的众多不同复合材料零件及较复杂的结构形式,检测就稍微困难些。这个参照标准必须考虑到复合材料部件经过长期服役所经受的环境暴露,或者经过修理或修复所带来的变化。

超声波检测方法有很多种,可用于检测复合材料结构的分层、脱胶、层间疏松、胶结气孔和疏松、孔隙含量等损伤或缺陷。现用于复合材料结构检测的超声波检测方法主要有两种:超声脉冲反射法和超声穿透法。

超声脉冲反射法是超声波探头发射脉冲波到被测构件内,然后根据反射波的情况来确定构件损伤或缺陷的一种方法。在这个方法中,单独受高压脉冲激励的搜索单元,既作为发射变换器又作为接收传感器。这个单元把电能转化为超声波形式的声能。声能通过一个特氟龙(聚四氟乙烯)或异丁烯酸酯接触头进入试验的零件,在试验零件内产生一个波形并被变换器元件采集。所接收信号的任何幅值变化,或返回变换器所需时间的变化,都表明缺陷的存在。在超声脉冲反射法中,把耦合剂直接涂在零件上面。该法具有检测能力强、检测灵敏度高、定性定量准确、检测方便(只需要从一侧接近被测结构)等特点。因此,它是一种普遍用于复合材料结构损伤检测的方法。

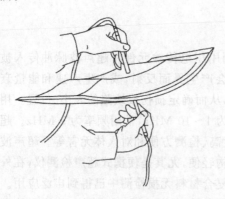

图 4-7 应用超声穿透法检测构件损伤

超声穿透法是依据脉冲波或连续波穿透构件之后的能量变化来判断损伤或缺陷的一种方法。超声穿透法常采用两个探头,一个用作发射,另一个用作接收,分别放置在被测构件的两侧进行检测,如图 4-7 所示。该法也具有检测能力强和检测灵敏度高的优点,但是需与构件的两个面接触。超声穿透法的基本原理如图 4-8 所示:把高电压脉冲施加到变换器内的压电晶体上,这个压电晶体把电能转化成超声波形式的机械能,超声波透过零件到达接收传感器,机械能被转化回电能。这个方法工作时需要有一种(除了空气以外的)耦合剂。在生产环境下,零件被浸入水中,或者利用一个水喷淋系统。必须注意,当使用水以外的耦合材料时不要污染层合板。水溶的耦合工作良好,正在开发不需要耦合的新技术。可以在记录系统中画出输出,或者显示在仪表或示波器上。试验件内部的缺陷将干扰或吸收部分能量,从而改变接收传感器所检测的总能量,这样就能在显示中看出缺陷最后削减的能量。

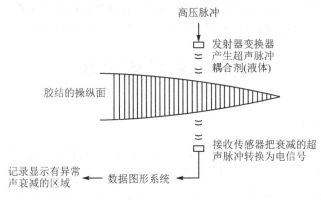

图 4-8 超声穿透法原理图

4.4.2 超声波检测的新进展

相控阵超声波检测技术在型面复杂的复合材料结构检测中具有独特的技术优势,适用于型面复杂的复合材料构件和特殊部位的高精度检测,在飞机复杂结构检测中具有广阔的应用前景。该技术通过电子方式控制阵列换能器各晶片的发射、接收延迟时间,控制声波合成、偏转和聚焦,声束可控性强,可以对复杂型面结构进行多方位、高效率扫描。

空气耦合超声波检测技术是解决不宜使用耦合剂的特殊材料与结构检测问题的途径。该技术在检测过程中不使用耦合剂,并且适合大型结构的快速检测和现场检测,在飞机复合材料构件非接触快速检测中具有广阔的应用前景。其技术难点在于,如何通过新型超声换能器技术和信号处理技术提高空气耦合超声波信号的信噪比。对于飞机蜂窝夹芯复合材料结构,目前普遍采用超声波技术检测其脱粘缺陷。但是,泡沫塑料夹芯、纸蜂窝夹芯复合材料构件容易受到液体耦合剂的影响,常规超声波检测技术难以适用,空气耦合超声波检测技术在此类结构的非接触检测中具有技术优势。

激光超声波检测技术在大型复杂结构快速现场检测中独具优势。该项技术通过脉冲激光在材料中激发超声波,基于光学仪器对声波进行非接触式的测量。检测过程中不使用超声耦合剂,并且具有高空间分辨力。脉冲激光能够在与结构表面不垂直条件下进行超声波的远距离激发和接收。因此,激光超声波检测技术特别适合大型复杂结构的快速自动检测,也可以外场应用。其技术难点在于声波热弹激励的激光参数控制技术和高灵敏度、高重复频率的激光探测技术。

激光超声波检测系统即为全光学激发和接收的激光超声波试验系统，包括脉冲激光器、激光干涉仪、数字示波器、数据采集卡以及二维扫描器。近20年，在航空制造领域，已用于大型复合材料构件无损检测的激光超声波检测系统采用精密二维扫描器控制激励和探测激光进行扫描，进而达到很高的检测效率。这种方式需要将激光在一定距离、角度范围内倾斜投射到构件表面来探测声波，这使得系统的探测灵敏度在不同结构、材料表面存在不同程度的变化，进而影响检测结果的准确度。而探测灵敏度补偿方法对不同粗糙度的复杂型面结构的适用性和检测性能需要测试、校正。

4.5　X射线成像

4.5.1　基本原理

射线照相检测方法主要有X射线成像、γ射线照相、热中子射线照相、电子射线照相等。近年来，迅速发展起来的非胶片射线照相检测方法是应用射线成像板来代替传统胶卷的射线照相检测方法。在这些检测方法中，X射线成像无损检测方法和γ射线照相无损检测方法是最常用的射线照相检测方法。

X射线成像无损检测方法是射线照相无损检测方法中最基本、发展最早、应用最广泛的射线检测技术，它是五大常规无损检测方法之一。X射线成像无损检测方法的原理是，由X射线源发出的X射线透过被检物体，被检物体与其内部缺陷介质对射线强度衰减的程度不同，借此来检测被检物体的内部信息，并用射线胶片的形式记录下来，经显影、定影等处理，在胶片上形成透视投影影像，最终通过对影像的识别来评定被检物体内部是否存在不连续性缺陷。X射线成像无损检测方法是其他射线检测方法的基础，也是应用最广泛的射线检测方法。

一般来说，在提到射线照相时，往往是指使用射线胶片记录照相结果的技术，这称为传统的射线照相技术。近年来，新兴的非胶片X射线成像技术蓬勃发展，已经占领许多传统射线照相技术的应用市场。但是，传统的射线照相技术在射线检测中仍具有重要的作用。目前，在成像质量上，特别是当缺陷尺寸小于0.25 mm时，胶片图像质量远优于数字射线成像等非胶片照相技术。

4.5.2　X射线成像的特点

复合材料不同于一般的金属材料，一方面它们主要由非金属材料或低原子序数的金属材料物质构成，物质密度小，对射线的吸收能力弱；另一方面它们本身的材料特性和结构使得其加工成型工艺和可能发生的缺陷等都与一般的金属材料有很大的差异。

复合材料X射线成像无损检测容易受其他因素的干扰并导致伪缺陷产生。以纤维复合材料为例，其X射线成像影像的对比度很高，被检测产品表面的尘埃、涂料、水珠、粉笔标记、透明胶带纸、纸屑和毛刺等多余物都能够在 X 射线成像底片上形成影像。这类影像称为伪缺陷。伪缺陷将影响评片。

因此,对于碳纤维复合材料构件,对进行 X 射线透照前的准备工作有着更高的要求,应仔细清理干净其表面的上述多余物。在其上做透照编号和透照标记时应采用白色特种铅笔。

不良的胶片包装也会导致伪缺陷产生。例如,包装黑纸层数的差异可能在 X 射线成像底片上形成影像而影响评片。应检查包装胶片的黑纸,黑纸本身不应有多余夹杂物或厚薄不均匀或破裂。黑纸起始的一条边缘应与胶片的一条边缘对齐。在进行 X 射线成像时,需将黑纸折叠端头一面置于 X 射线源的背面,以防止形成黑纸折叠端的影像。

对于复合材料检测缺少专用的像质计。评价复合材料工件的 X 射线成像灵敏度一般不采用丝型像质计,经常采用的是平板孔型像质计,一般要求达到的灵敏度是 $2\sim 2T$ 级别,即像质计的板厚 T 应是工件透照厚度的 2%,应能够识别直径为 $2T$ 的孔。

经过大量的试验,得出复合材料和金属蜂窝构件主要常见缺陷及对应的影像特征如表 4-2 所列。

表 4-2 复合材料和金属蜂窝构件主要常见缺陷及对应的影像特征

试件	缺陷	影像特征
复合材料	气孔	多为圆形黑点状
	夹杂	多为明亮的斑点、小块或条形
	疏松	不规则的云雾状黑色斑纹(块),浓淡不一
	横断裂纹	呈直线或曲线,中间较粗而黑,端头尖细
	搭接空缺或重叠	呈现不应有的形状,黑度差异
金属蜂窝构件	芯格破裂	白色芯格呈现黑色直线或曲线
	节点脱开	规则的白色芯格破坏,呈不规则淡黑色线
	夹芯收缩、皱拢,泡沫胶不足或空腔	规则的白色芯格扭曲、变形,呈不规则黑色斑点或斑块

4.5.3 X 射线成像的优势与局限

射线成像(X 射线成像)难以用在碳纤维增强环氧复合材料零件上,因为碳纤维的吸收特性与树脂的相似,总体吸收率很低;而玻璃纤维和硼纤维更适用于这种检测方法。大多数复合材料对高能 X 射线几乎都是透射的,所以必须使用低能 X 射线。可使用不透明的渗透剂(即碘化锌)增强表面破碎缺陷的可见度,但一般不能用在服役中零件的检测。注意使用渗透剂的方法有时被认为是有损的,因为它留在零件中不能去除。X 射线数字形式的增强技术(无论是底片扫描或直接用数字检测技术)也是有效的。因为有可能暴露于X射线管或散射的射线之下,所以操作人员应当始终用足够的铅隔离物进行防护,重要的是,要始终与X射线源保持足够的安全距离。

尽管有它的不足,但X射线成像仍是一个非常有用的复合材料无损检测方法,可基本上观察到零件内部的情况。这个检测方法让X射线经常用于检测夹芯结构零件中蜂窝夹芯湿气的进入情况,有时也能检测层合板的横向裂纹。内部的异常如角点处的分层、压塌的夹芯、开花的夹芯、芯格内的水分、泡沫胶连接中的空隙,以及内部细节的相对位置都可以通过X射线成像方便地检测到。

这一方法利用X射线贯穿所检测的零件或组合件,并把射线被吸收的情况记录在对X射线敏感的胶片上。把曝光的胶片显影后,检测人员就可分析在胶片上记录的暗度变化,建立部件内部细节相互关系的可视结果。因为这个方法记录的是沿零件厚度的总密度变化,所以当缺陷(如分层)位于和X射线相垂直的平面内时,它就不是首选的检测方法。然而,当检测与X射线束中心线相平行的缺陷时,这是最有效的方法。虽然蜂窝夹芯结构的X射线成像最易通过试验技术来分析,但因为有图像结果,所以射线成像检验方法很容易得到解释。

4.5.4 X射线断层成像技术

在传统的X射线成像法中,由于物体并不旋转,所有影像在厚度方向进行叠加,无法对缺陷的深度进行定位,只有明显的结构特性或缺陷才有可能被检测出来。传统的X射线成像法在蜂窝夹芯结构的胶结缺陷方面非常有效。低密度的薄面板通常透光性强,因此对观察夹芯材料影响较小,也可运用传统的X射线成像法检测蜂窝夹芯板的典型缺陷,如夹芯压溃、夹芯压实、疲劳破坏、夹芯腐蚀、泡沫密封处气孔等。而某些缺陷,如高分子树脂复合材料内部的分层则不易被发现。此外,高分子树脂、纤维和孔隙的透光率相似,这就需要增加一种高吸波的介质来扩大不同物质的差别。通常在损伤区中间钻孔来加入碘化锌,这将导致无法保证射线穿透所有小的缺陷和分层,因此传统的X射线成像法不适于检测高分子树脂基复合材料。然而对于其他复合材料,如金属基和陶瓷基复合材料并不需要额外的处理便可方便地进行扫描,传统的X射线成像法因此更适于金属基和陶瓷基复合材料的缺陷检测。

近年来,传统的X射线成像法得到了飞速发展,将以往的胶片改进为数字探测器,发展成为如今的X射线计算机断层成像技术(XCT,X-ray Computed Tomography),不再利用影像图来代表衰减,而是通过测量X射线的密度分布来计算物体截面的图像。XCT技术最主要的优点是对比度和分辨率高。研究表明,0.01%的尺寸变化或者0.1%的密度变化都能被检测到,医用和工业用的典型XCT设备的分辨率可达$25~\mu m$。尽管XCT在复合材料分层损伤方面并没有C型扫描的分辨率高,但XCT可以检测到其他形式的损伤,如基体裂纹、分层和纤维断裂。对于损伤区面积的识别率,XCT大大优于传统的X射线成像法。

4.6 其他检测方法

4.6.1 剪切成像法

剪切成像法是一种光学 NDI 技术,通过测量目标表面反射光的变化(斑点图案)来检测缺陷。使用一个激光光源,把被照明表面的原始影像用视频影像记录下来。然后,用加热、压力改变或声振动来激励零件,在此期间产生二次视频影像。在视频显示器上就可看见由脱胶或分层造成的表面轮廓变化。

在生产环境下用剪切成像法来迅速检测复合材料结构胶结组合件,包括碳/环氧蒙皮和 Nomex 夹芯的夹芯结构。在检测中局部抽真空引入应力,局部真空应力引起含空气的缺陷扩展,使表面产生轻微的变形;对比抽真空前、后的情况,可检测出这种变形。经过计算机处理的视频影像对比,显示出缺陷是反射光波干涉中相长与相消同心明、暗光圈。图 4-9 为目前使用的一种剪切成像检测系统的组成。

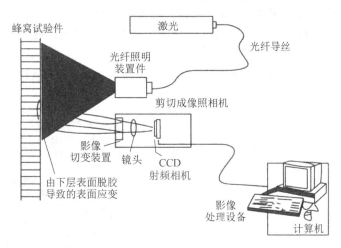

图 4-9 剪切成像检测系统的组成

4.6.2 热成像法

热检测包括所有使用热敏装置来测量待检零件上温度变化的方法。热检测的基本原理是,当热流流向或通过试验件时,试验件表面温度将发生变化,通过测量或测绘其表面温度,来揭示材料内部的损伤。热成像法是常用的热检测方法,所有热成像技术均以正常、无缺陷表面与有缺陷表面在热导率上的差异为基础。目前,有两种热成像法可使用:被动的方法,测量结构对瞬时加热的响应;主动的方法,监控由循环应力作用在结构上产生的热。这两种方法通常都用红外照相机来监控结构表面的温度,其温度分布的异常可以显示复合材料损伤的存在。它也能检测到蜂窝夹芯结构内的湿气,已被用于检测航线飞机结构中以冰或水的形式存在的湿气。

通常,用一个热源来增高待查试件的温度,同时观察表面的加热效应。由于没有缺陷的区域比有缺陷的区域传热更有效,所以被吸收或反射的热量表明了胶结的质量。影响热性能的缺陷类型包括脱胶、裂纹、冲击损伤、板件变薄以及水分浸入复合材料和蜂窝夹芯等。对薄层合板或靠近表面的缺陷,热成像法是最有效的检测方法。

4.6.3 湿度检测

当对玻璃纤维增强塑料或芳纶材料的构件进行修理时,湿度检测经常用于检测湿气的存在。它们能检测芳纶蜂窝夹芯内部的湿气。然而湿度检测不能用于含碳或任何其他导体材料(如金属)的防静电镀层的检测。本小节以雷达罩的湿度检测为例进行说明。

雷达罩修理过程中会用到一些特别的检测设备,如雷达罩湿度检测仪、透波率检测设备、夹芯壳体厚度检测仪、漆层厚度检测仪等。雷达罩湿度检测仪的基本原理:用探头测量在无线电频率下材料的介电功率损失,当有水进入雷达罩的夹芯结构时,在进水位置的介电功率损失会增加,仪表上的读数会升高;水分的含量不同,检测仪表上的读数也将不同。检测仪表盘上的刻度划分为不同颜色区域,用于表示雷达罩的不同进水状态,如表4-3所列。

常用的雷达罩湿度检测仪型号是A8-AF和M1200。A8-AF的使用举例如图4-10所示。

表4-3 A8-AF雷达罩湿度检测仪的仪表读数说明

颜 色	读 数	雷达罩条件
绿色	0~5	好
黄色	5~10	一般
棕色	10~20	差
红色	20~50	不可接受

图4-10 A8-AF雷达罩湿度检测仪的使用

4.7 破坏检测

破坏试验能提供在产品寿命周期内有价值的数据。在产品研发阶段,破坏试验可用于建立无损检测损伤机体和实际内部损伤状态之间的联系,也可用于评定固化是否合适以及评价纤维/树脂的分布情况。在生产过程中,无论用剪裁片料或真实部件的局部进行检测,破坏试验均能提供对部件质量的评估。通过对结构的剪裁,破坏检测能确定使用环境(受载、液体、温度、潮湿等)是否对结构长期影响起作用。事故调查也依赖破坏检测的评估来确定结构失效的途径以及测量在出事故的时候特定部件的性质。

4.7.1 揭层法

揭层法包括加热层合板使单层分离,这就提供了用放大镜来识别每层纤维断裂的可视性。所有破坏检测方法都会使被试部分不再可用,有时可利用裁剪下来的片料来做上述试验,这样就可确定实际部件的信息而不必使其受到破坏。

4.7.2 其他破坏检测方法

破坏检测通常用于处理无损检测方法所得不到的一些损伤信息,除揭层法外,较为常见的方法有以下几种。

(1) 横截面法:包括对部件切割边缘的抛光,在放大镜下可以通过边缘来识别纤维的分布、方向、波纹度、多孔性、基体裂纹以及分层。

(2) 树脂试验法:可用于确定树脂固化的程度。这种方法经常用于估计玻璃化转变温度以及反应的剩余热。

(3) 力学试验法:可用于整个部件或从部件上裁切的试样或元件,用来确定部件的力学性能,如刚度和强度。

(4) 树脂摄取法:包括从层合板中烧除树脂来确定纤维和孔隙组分。

第5章 复合材料结构积木式验证方法

5.1 复合材料结构积木式验证方法概述

应通过采用不同复杂程度试样的一系列试验循序渐进地对复合材料结构进行可靠的验证。这些试样、元件、细节和子部件水平的试验和分析可以用来验证可变性、环境、结构不连续(例如连接、切除或其他压力管)、损伤、制造缺陷和设计或确定工艺细节,工业界称为"积木式验证方法",如图5-1所示。

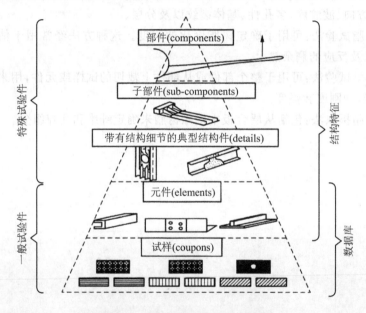

图5-1 积木式验证方法示意图

通常随时间的延长,试验从简单试样向复杂元件和细节过渡。这种方法可以收集数据,以提供足够的相关性分析,并能经济地获得为确定发生在大型结构上变异数目的必要复制。从初级试验学习的经验可以避免通常在合格验证后期进行的、高试验成本的、更复杂全尺寸试验的早期破坏。

试样级(coupons)和元件级(elements)的试验用于给出材料性能级别的信息。子部件级(sub-components)和部件级(components)的试验用于给出与结构构型和几何特性相关的信息。

1. 试样级

试样级的试验目的包括：

(1) 材料的选择和规范的制定；

(2) 重复载荷和化学降解等影响因素下材料数据的编号；

(3) 考虑环境影响的材料性能的统计计算；

(4) 用于分析缺口敏感性和连接形式对性能影响的初步设计数据；

(5) 制造缺陷、损伤和修理的初步数据。

2. 元件和结构细节

元件和结构细节的试验目的包括：

(1) 引入在试样级试验中没有考虑到的结构和制造（例如，复杂的几何外形、连接、损伤等）对设计值的影响；

(2) 与分析结构相互印证，合理地减少试验量。

3. 子部件

子部件的试验目的包括：

(1) 使用接近真实的边界条件来评估结构；

(2) 与分析结构相互印证，合理地减少试验量；

(3) 对预期的失效模式和完整的静强度进行验证。

4. 部　件

部件的试验目的包括：

对内部载荷传递路径和结构变形分析进行验证。

5.2　积木式验证方法的实例

一个典型的积木式验证方法的实例如图 5-2 所示。

对于现实中的复合材料结构的积木式验证，有两个比较重要的事情是：

(1) 尽管理论上试验是从简单试样向复杂元件和细节过渡，但是现实中常常需要通过对更高级试验结果的分析来判断是否需要增加更多的简单试验，以了解不同因素对更高级试验试样的影响。

(2) 现实中常常安排全尺寸的部分部件试验来增加试验的可信度和避免在全尺寸试验上的失败。以波音 B787 飞机为例，其采用了复合材料的机翼设计。为此，波音公司安排了从中央至 2/3 翼展处的翼盒（长 50 ft(1 ft=25.4 cm)，重达 55 000 lb(1 lb=0.45 kg)）极限载荷试验，加载直至破坏，如图 5-3 所示。

① 对模型边界条件选取、试验方案的研究和复合材料结构试验结果的充分分析可以得到比积木式试验还多的收获。

通过分析复合材料的结构并在试验中进行测量，评估试验中的边界条件。分析和试验的结果可以用于改进所需的试验支持条件、载荷情况、结构模型。

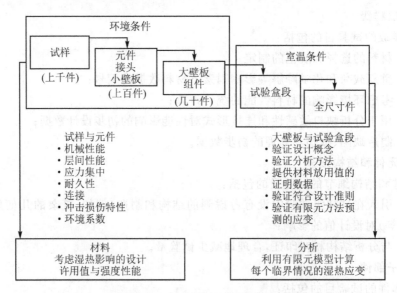

图5-2 积木式验证方法实例

图5-3 B787翼盒极限载荷试验

② 基于子部件试验中分析与破坏模式的相关性,可进一步确定附加的元件和试样级试验。

利用大尺寸结构试验件上切下的"碎片"进行积木式试验,可以较好地得到细节设计与制造工艺的定量影响。

在低层次级别上实施充分的分析与试验的迭代可以减少部件试验中预想不到的破坏,同时扩充制造和维修活动中有意义的数据库资料。

③ 通过元件、典型细节件和子部件试验来研究验证分析方法。

试样级试验:进行材料物理性能与力学性能试验,进行材料筛选;对材料相容性进行试验研究,以此选择修理材料。进行材料规范和工艺规范的适航性验证试验。

元件级试验：用于确定典型结构单元的工艺参数，研究结构工艺适应性，进行连接试验，研究影响连接强度的参数。各类试验要考虑各种环境影响。进行疲劳和损伤容限试验，考虑制造缺陷、使用损伤因素。进行许用值验证试验，确定设计许用值。进行挤压强度许用值试验，确定挤压强度许用值。

典型结构细节级试验：研究如新型加筋结构件、缝合加筋整体壁板、泡沫夹层结构件和加筋泡沫夹层结构件的设计试验，研究设计和工艺参数的匹配、壁板稳定性、连接强度、缺陷影响、开口影响、环境影响、损伤影响和修理方法，制定结构验收技术条件、检查大纲和修理方法；为制定装配工艺规范、结构验收技术条件、检查大纲和修理方法提供试验数据。

5.3 复合材料结构静强度验证

复合材料结构的静强度的验证方案不外乎两种：
（1）在适当环境下采用部件极限载荷试验来验证。
（2）获得具有相似设计、材料体系和载荷工况的经验来证明由子部件、元件和试样试验，或承受较低载荷水平的部件试验支持的分析是充分的。证明一项分析的必要经验应该包括具有相似设计、材料体系和载荷工况的先前部件的极限载荷试验。

采用部件极限载荷试验几乎是新研制飞机唯一的静强度验证方法。

复合材料设计的结构静强度验证应该考虑所有的临界载荷工况和相应的失效模式，考虑下述因素的影响：
（1）环境因素；
（2）制造过程中的结构残余应力；
（3）材料和工艺可变性；
（4）不可检测或质量控制允许的缺陷；
（5）服役损伤。

1. 环境因素

可能导致材料性能衰退的重复载荷和环境暴露的影响应该在静态强度验证中考虑。这可以通过由包括试样、元件、特别设计的细节件、子部件水平试验证据支持的分析来表明。

温湿度：材料预期将经受的包括温度和湿度在内的临界环境暴露，如服役中作为时间的函数的湿含量。

最大吸湿量：与服役寿命（服役寿命可能是给定零件厚度的函数）期间的水分扩散特性和实际环境暴露有关。

峰值温度：对于安装在能产生热能的航空器系统附近的复合材料结构，应该确定最坏的正常运行条件和系统失效情况时的峰值温度。

紫外线和化学环境会导致复合材料结构的性能衰退。化学环境包括乙二醇、液压油、燃料和清洁剂等。

磨损、腐蚀：某些复合材料和金属材料的界面需要提供隔离层来防止腐蚀（例如，采用玻璃纤维铺层来隔离碳纤维复合材料铺层和铝合金）。另外，对用于复合材料零件的具体紧固件和安装工序的验证需要重点考虑电化学腐蚀，同时也要考虑复合材料在形成扣件时出现的潜在损伤（分层和纤维破损）。

2. 制造过程中的结构残余应力

根据设计构型、局部结构细节和采用的工艺，必须考虑取决于环境的残余应力的影响，例如连接在一起的零件的不同热膨胀，还有固化后的翘曲变形。

3. 材料和工艺变异性

主要通过建立充足的工艺和质量控制来制造结构，与工艺控制的 AC-咨询通告结合。

采用试验、分析的方法可靠地验证所要求的强度。由材料和工艺的变异性导致的强度性能离散可以通过适当的符合适航规章 25.613 要求的许用值和设计值来解决。

过载系数需要通过试验或过去的经验来确定，并且必须考虑预期材料和工艺的变异性。

若主要材料和工艺发生更改，则需要进行额外的静强度验证。

4. 不可检测或质量控制允许的缺陷

静试验试样的制造和组装应该按照制造规范和工艺进行，从而试验试样可以代表含有符合生产接受准则限定缺陷的量产结构。

对应力集中（例如缺口敏感度和冲击损伤等）、相互竞争的失效模式和面外载荷，要对部件试验进行分析和评估。在进行积木式验证时，需要采用由试验支持的分析方法来确定部件试验的临界载荷工况和相关的失效模型。在设计试验件时，应当包含胶结和铆接等连接形式，并充分考虑自由边的影响和面外载荷的影响。

5. 服役损伤

在制造和服役过程中可能预期的冲击损伤（不超过由所选择的检测程序所确立的可检门槛），需要通过试样、元件、子部件和部件水平的组合试验来表明不会降低结构承担极限载荷的能力。

对于冲击损伤的实际试验验证要求，正确考虑结构细节和边界条件。当采用肉眼检查程序时，处于可靠检测门槛的可能的冲击损伤被称为"目视勉强可见冲击损伤"。

为静强度验证选择冲击位置应考虑局部结构细节的危害程度以及该位置是否便于检查。

用于静强度验证的冲击物的大小和形状应与在航空器整个寿命周期内可能出现的不可检测的冲击损伤源相一致。

5.4 复合材料结构静强度验证试验

在全尺寸的部件级静强度验证试验之前,安排充分的低级别试验是十分必要的。例如,应当采用多批次/多数量的试样和元件试验,例如 5 批×15 试验;分别考核室温、低温、高温和干湿态的组合;筛选敏感的液体;采用开口拉伸、冲击后压缩试验考核缺口敏感性、冲击后损伤敏感性;安排机械紧固件连接、铆接、胶结试验。

在全尺寸静强度试验中考虑先前重复加载和/或环境暴露,存在三种方法:

(1) 第一种方法:对要进行全尺寸静强度试验的结构先施加重复载荷,并且进行环境处理以模拟最严重的环境暴露,然后再在这种环境下对该结构进行全尺寸静强度试验。

(2) 第二种方法:依赖试样、元件和子部件试验数据来确定重复载荷和环境暴露对复合材料结构静强度的影响。通过这些试验表征的衰退应包含在全尺寸静强度验证试验(例如采用过载系数)或者这些结果的分析中(例如表明包含由环境和重复加载导致衰退效应的设计值具有正的安全余量)加以考虑。

(3) 第三种方法:在实际中可以联合采用以上两种方法来获得期望的结果(例如全尺寸静强度试验在临界的服役温度下进行,采用载荷系数(实际上是环境系数)来考虑航空器结构寿命内的吸湿量)。适航证申请人可以向局方申请批准通过证明试验或者分析(如采用增加等效温度而在化学上不改变材料的方式来考虑湿度的影响)的有效性来评价环境影响的替代方法。

如果环境的影响可以通过积木式试验可靠地预测,并在静强度试验或静强度试验结果的分析中考虑,则部件的静强度试验可以在周围大气环境下进行。

第6章 复合材料结构符合性验证——附加考虑

6.1 颤振和气弹稳定性

需要进行的气动弹性验证包括颤振、控制反效、发散以及任何由结构加载和产生变形导致的稳定性和控制的过分损失。颤振等其他气动弹性不稳定特性必须通过设计、质量控制、维护和对临近系统界面的仔细关注来避免。

复合材料结构的验证需要考虑重复载荷、环境暴露和服役损伤推测(例如,大的第2、3或4类损伤和潜在的夹层板吸水增重)对刚度、重量和阻尼等关键性能的影响。注意,预计会遭受大损伤的某些操作表面要保留有足够的残余强度余量,但潜在的刚度损失可能对颤振和其他气动特性产生不利影响。这对脆性的和易于因意外损伤、环境而导致性能衰退的操作表面特别重要。例如,由维修、制造缺陷和多层喷漆导致的重量和刚度改变等因素需要被评估。如何控制表面清洁度也是一个会随更改、损伤和维修而改变的问题,还可能存在与结构部件接近高温热源有关的问题(例如,尾翼结构在喷气发动机的排气流路径上)。这些影响可以通过由试验证据支持的分析或通过试样、元件或子部件水平的试验进行验证。

6.2 适坠性

飞机的适坠性主要是考虑冲击的响应,通常规章的演变是基于飞机在服役中发生的事件或意外获得的经验,以及保证安全性的新设计要求。对于适坠性这种情况,规章的发展是基于实际飞机操纵使用中获得的经验。例如:应急着陆载荷系数和座椅载荷是建立在动力学条件下快速的反作用力基础上的。

飞机设计需要确保在发生坠撞条件下任何可能的逃生机会。与传统的金属飞机结构设计相比,复合材料的飞机结构设计需要考虑其特殊的结构特性,包括主要结构的修理和更换。结构的验证需要采用试验的方法或者通过试验验证的分析。服役的经验可以支持验证方法。

飞机的坠撞动力学和相关的能量吸收是非常难以模拟的,需要完全描述与结构要求相关的典型试验。每个飞机型号(如运输机、小飞机、螺旋桨飞机)都有相应的规章来管理其飞机结构的适坠性,因而必须使用与飞机型号相关的规章与指导材料。运输机和螺旋桨飞机的规章重点强调的内容远超出那些小飞机。

对于运输类飞机,其复合材料机身结构需要考虑特殊的条件来增强坠撞的生存性。复合材料机身结构的撞击响应必须得到验证,以保证具有和金属机身结构无大差异的生存性。撞击载荷和导致结构变形的支撑构件及地板结构必须验证。在验证中必须考虑飞机结构的主要区域。这些区域中的每个临界状态依赖于特殊的坠撞条件。例如:在较小撞击速度下结构尚未遭到破坏时,乘员所经受的载荷及加速度可能就会较大。其结果是,验证的分析方法需要覆盖所有机身结构的适坠性准则。

与适坠性有关,复合材料的油箱结构必须确保结构完整性,而且不能因变形到极限而导致比金属结构更严重的着火灾难。

对于有幸存的坠撞,复合材料结构适坠性的物理和机械特性包含以下方面:局部强度、能量吸收特性、需要强调的复合材料结构的多种破坏模式等。

对于典型的结构必须有获得验证的试验和分析结果。依赖于载荷(需要考虑飞机不同的客载与商载的构型)的结构动力学考虑、变化的破坏模式、局部应变率、载荷情况,对于飞机的不同结构是不同的。源自不同撞击方向的结构敏感特性必须考虑运输机和螺旋桨飞机的用途。这些可以通过验证过的分析方法得到。

考虑与金属结构相比较和各种坠撞条件的需要,有充足试验验证的分析方法经常应用于运输机和螺旋桨飞机。这类分析方法需要深入研究各种模型参数(如网格优化、连接及接头的模拟与简化、单元材料的应力应变曲线)对模型的敏感性。试验同样需要研究试验设备对复合材料结构的敏感性(如频率滤波器可以测得预期的结构脉冲响应特性)。模型的验证需要采用积木式的验证方法,最终到复杂结构的验证(如具有足够结构细节的落振试验来验证恰当的适坠性评定准则)。

6.3 耐撞损性

6.3.1 耐撞损性定义和技术特点

1. 耐撞损性定义

耐撞损性译自 Crash Worthiness(Crash 本意是碰撞损坏,在 CCAR-25.561 中译为"撞损"),是民用飞机的重要适航性要求。对于飞机,这里所说的撞损不仅包括坠落时发生的撞损,也包括地面滑跑冲出跑道时发生的撞损。从乘员(乘客)安全考虑,飞机结构设计准则规定,机体结构应具有保证在真实和可存活撞损条件下,乘员有一切合理机会避免严重损害的属性(见 AC 20-107B,11.a.(4))。

2. 飞机结构耐撞损性技术特点

飞机结构耐撞损性技术有如下特点(见 AC 20-107B,11.a.(1)):

(1) 飞机的耐撞损性由机身的冲击响应特性控制,因为耐撞损性主要与机身结构相关。

(2) 耐撞损性规章的演变通常基于已有飞机发生的事件或事故积累的经验,或是由新设计提出的预期安全问题。

耐撞损性规章一直随着实际飞机运行过程中得到的经验而演变。例如,已确定用应急载荷系数和乘客座椅载荷来反映机群经验和受控于 FAA(Federal Aviation Administration)与工业界的研究所观察到的动力学状态。

(3) 机群经验还没有证实需要整机级耐撞损性标准。飞机结构耐撞损性现行规章反映了传统铝合金飞机结构在可存活撞损条件下的能力,现有规章给出的符合性方法对已经沿用传统制造方法设计的飞机来说是适用的。随着复合材料结构机身和新颖设计应用的不断出现,传统的方法可能不足以证实乘客能得到与类似的金属结构设计提供的同样的(安全)保护水平。这是急需研究解决的问题。

6.3.2 飞机结构耐撞损性设计要求与评定

1. 飞机结构耐撞损性设计要求

(1) 机体设计应保证,在可存活撞损条件下,乘员有一切合理机会避免严重伤害(见 AC 20 - 107B,11.a.(2))。

(2) 相对于传统的机体设计,复合材料机体的耐撞损性设计应考虑其独特的行为与结构特性,提供等效或更高的安全等级,包括大修或更改。

(3) 保持逃生通道畅通。

(4) 要逐渐降低对乘员的冲击载荷。

2. 飞机结构耐撞损性评定

飞机结构耐撞损性可以通过试验或由试验证据支持的分析进行评定。服役经验可以支持证实(见 AC 20 - 107B,11.a.(2))。

3. 耐撞损性动力学模型

(1) 对飞机坠撞动力学和相关的能量吸收特性建立模型并进行全面定义,以反映结构要求的试验是困难的。

(2) 每种飞机产品类型(即运输机、小飞机、旋翼机)都有其特有的规章,以适应特定飞机结构的耐撞损性,因此,每种飞机产品型号都应使用与其相对应的规章。运输机和旋翼机的规章所提的某些问题超出了小飞机的要求,应按各类飞机的集体要求建立相应模型。

6.3.3 复合材料结构耐撞损性评定准则和防火安全要求

1. 机身结构耐撞损性评定准则(见 AC 20 - 107B,11.a.(4)~(5))

对于采用复合材料机身结构的运输类飞机的可存活性,要用专用技术条件预料。目前,复合材料机身结构耐撞损性评定必须包含两项评估,考虑 4 个主要准则。两项评估如下:

(1) 必须评估运输类飞机复合材料机身结构的冲击响应,以保证其可存活性与金属材料制造的类似尺寸飞机没有明显的差异。

(2) 必须评估起支撑作用的机体和地板结构的冲击载荷与所产生的结构变形。

进行这两项评估时应考虑的 4 个主要准则如下：

(1) 当重物（如头顶的行李舱）掉落引起冲击事件时，乘员必须受到保护；

(2) 当发生可存活的撞损时，应急出口通道必须保持畅通；

(3) 当发生可存活的撞损时，乘员承受的加速度和载荷不得超过临界门槛值；

(4) 发生冲击事件后，乘员的存活空间必须得到保证。

这 4 个准则中每个准则的重要程度取决于特定的撞损条件，例如，在较低冲击速度下，结构尚未开始遭破坏处，乘客承受的载荷与加速度可能较高。

2. 发生撞损事件期间的防火安全要求（见 AC 20 – 107B, 11. a. (6)）

现有的对运输机的要求中也包括油箱结构完整性，以考虑在可存活的撞损事件发生时有关的防火安全性（见 AC 20 – 107B, 11. b）。由于与耐撞损性有关，复合材料油箱结构不被破坏或变形的程度必须确保燃烧危害性不能比金属结构更为严重。

6.3.4 复合材料结构耐撞损性的物理和力学问题

复合材料结构耐撞损性的物理与力学问题涉及多个方面：

(1) 需要论述复合材料结构遭受可存活撞损时，其局部强度、能量吸收特性和多样性竞争破坏模式。

(2) 复合材料的各向异性与准脆性使复合材料结构飞机上的乘客与设备所承受的加速度和载荷的历程与类似金属结构飞机上所承受的可能有显著差别，除非对复合材料结构设计进行专门的考虑。

(3) 当通过更改复合材料结构来获得其特定的力学性能时，应特别当心。例如，金属结构的性能随材料厚度变化的部位可能很容易预计，复合材料层合板铺层数的增减可能还需要层合板铺层顺序对复合材料构件的破坏模式与能量吸能特性的影响数据。

进一步分析复合材料结构撞损问题，还应考虑以下几点：

(1) 必须包括有代表性的结构，以得到有效的试验与分析结果；

(2) 根据飞机装载的不同（要求研究不同的飞机乘客与货物配置），飞机结构的动力学性能和逐步破坏、局部应变率与受载状态在整个结构上可能不一致；

(3) 对于运输机与旋翼机，还应考虑结构性能对合理的撞损冲击方向的敏感性，这可以通过由试验证据支持的分析来说明。

6.3.5 复合材料结构耐撞损性分析和验证试验指导

根据 AC 20 – 107B, 11. a. (9)，对复合材料结构耐撞损性的分析和验证试验指导有以下几点：

(1) 考虑到与金属结构进行的比较评定和撞损状态的范围，对运输机与旋翼机应用常常需要有充分结构试验证据支持的分析。

(2) 分析中需要广泛研究模型对建模参数(如网格优化、节点的描述、输入的元件材料应力-应变数据)的敏感性。

(3) 试验中需要研究适用于复合材料的试验设备的敏感性,如与结构预期脉冲特性有关的滤波器频率。

(4) 模型验证可以利用"积木式"方法,通过足够复杂的最高一级试验来完成(如用具有足够结构细节的坠落试验来恰当评定耐撞损性准则)。

6.4 防火、可燃性和热问题

6.4.1 防火、可燃性和热问题适航要求

防火、可燃性和热问题适航一般要求如下(见 AC 20-107B,11.b):

(1) 对飞机结构的可燃性与防火要求是,要尽量减少在可燃材料(液体或气体)引燃时乘员所受的伤害。

(2) 每种飞机产品类型(即运输机、小飞机、旋翼机)应使用与其相对应的规章。

(3) 可以用试验或试验证据支持的分析来证明符合性。

(4) 对于复合材料机体结构,火与暴露于超过最高工作温度条件的问题需要专门考虑。复合材料机体结构设计(包括修理和变更)的安全性不应低于现有金属结构机体相应的安全水平。

说明:飞机座舱内装饰件和行李舱是乘客安全防护中需要考虑可燃性的区域。咨询通告 AC 20-107 修订版内容并没有论述用于飞机座舱内装饰件和行李舱的复合材料,请参考与隔舱可燃性规律相关的符合性可接受方法的其他指导资料。

(5) 对暴露于火和高于设计所证实的最高工作温度(热暴露)条件的任何复合材料飞机结构,维修规程中结构完整性评定应是有效的。必须了解相关热损伤对结构完整性的影响,以便恰当处理。

目前,对含有复合材料元件的发动机固定结构、防火墙和其他动力装置结构,考虑防火和可燃性已是惯例。

(6) 运输类飞机机翼和机身结构中复合材料的扩大应用,对乘客安全性带来更严重问题。现有的规章并没有论述机体结构本身潜在的可燃性问题。

此外,对于复合材料机翼,若其作为整体油箱并采用可燃性降低方法(FRM,Flammability Reduction Means),则必须通过基于蒙特卡罗(Monte Carlo)统计的定量分析方法证明其可燃性的符合性,请参考 FAR/CCAR 25.981(b)和咨询通告 AC 25.981-2A。FAA 于 2007 年发布了可燃性暴露评估计算程序 V10 版,对燃油箱的可燃性进行了评估。

(7) 机翼和机身使用复合材料设计应考虑飞机在飞行期间着火和紧急着陆后溢出燃油可能起火时,复合材料结构引起的对乘客安全性的影响。

6.4.2 复合材料结构的火灾危害处理和安全性描述

1. 火灾危害处理

飞机结构中复合材料零件防火和可燃性试验结果表明,火灾危害取决于总体设计和工艺细节,以及火源和火的蔓延情况。例如,暴露于火中的复合材料机身整体都会受到影响;若座舱内起火,可通过结构的功能将火分隔而实现控制;而若着陆撞损后出现机身外起火,则燃油可能是火维持燃烧和蔓延的主要来源。每种情况的危害不同,因而减轻危害的方法也不相同(见 AC 20-107B,11.b.(3))。

2. 火灾安全性描述

火灾安全性按飞行中发生的火灾和撞损后发生的火灾两种情况以及机身、机翼要求不同分别论述。飞行中的火灾安全性论述由于某些故障产生的飞机内部的火灾,而撞损后的火灾安全性则论述泄漏燃油淤积、燃烧并蔓延到飞机的火灾。运输类飞机的机身结构预期会有遭受飞行中燃烧和撞损后燃烧两种情况的专用条件。运输类飞机的机翼结构则需要有撞损后燃烧情况的专用条件。

6.4.3 飞行中的火灾问题

对于运输类飞机飞行中的火灾问题,关键是要保证火焰不蔓延、控制有害物质的量和保证有毒气体不扩散到客舱和驾驶舱,相关区域要设置灭火器。当飞行中火在不可接近区域蔓延时,会成为灾难性的火灾。若未着重考虑上述要求,则复合材料机身结构就不能起到与传统金属机身结构相同的作用。

6.4.4 复合材料结构外部防火特殊考虑

对于运输类飞机,金属机身和机翼结构已经建立的防火基准,可用于评定专用的复合材料机翼与机身结构的细节。

运输类飞机复合材料结构的外部防火问题,必须包括可存活撞损部件着陆后外部泄漏燃油淤积而起火的影响。机身结构应给乘客提供足够的逃逸时间,且没有烧穿或释放出对逃逸乘客有毒或能加剧燃烧的气体和/或物质(见 AC 20-107B,11.b.(5))。

这些考虑必须扩展到机翼和油箱结构,必须防止或延缓结构垮塌,预防油箱渗漏、燃油泄漏和减少燃油蒸汽(包括考虑燃油载荷对结构行为的影响)。

对于运输类飞机,AC 20-107B,11.b.(5)指导中的 25.856(b)准则提供了建立所需的火灾安全性水平的基准。这个指导基于舱内装饰材料多有"绝热隔声材料"防火要求。对材料防火的验证基准应参考 AC 20-135。

6.4.5 复合材料结构的高温暴露问题

对复合材料结构的高温暴露(系统故障、闪电等)问题需要超出对直接可燃性和防火问题的考虑范围,并扩展到其他热问题。很多复合材料有玻璃化转变温度,该温度标志着强度与刚度降低的起点,且略低于等效金属结构产生类似影响的温度。大多数复合材料的玻璃化转变温度会由于其吸湿性而进一步降低。因高温暴露引起的复合材料强度与模量下降要按特定应用的要求(如发动机或其他系统破坏)来理解(见 AC 20‑107B.11.b.(6))。

系统破坏和/或已知火烧后,可能很难检查出高温暴露后复合材料结构中产生不可逆热损伤的全部范围。因此,为恰当处置热损伤,对暴露于高温环境的复合材料结构可能要求进行专门的检查、试验和分析。

需要识别出所有恰如其分的损伤危害和退化机理,并汇集到相应的损伤容限和维修性评定中。

对暴露于不明高温水平的零件,损伤范围可依靠检查与试验确定,测量结果应形成文件。应特别注意确定所选检查方法可能漏检的最大损伤。

对于复合材料结构的高温环境暴露问题,除上述热源对复合材料性能的影响外,对混合结构中金属与复合材料连接部位,还必须进行热效应分析(Thermal Effect Analysis,TEA),这非常重要。因为,在最热和最冷环境下,飞机结构的温度可能分别达到+70 ℃和-50 ℃,复合材料与金属两者热膨胀系数的不同,会产生相当大的温度应力(热应力)。这些温度应力要分别与静强度和疲劳情况相组合,在符合性证明中予以考虑。

6.5 闪电防护

6.5.1 闪电效应危害

1. 闪电特性、闪电附着和闪电效应

(1) 闪电特性

最常见的闪电类型有:云对地闪电、云内闪电及云对云闪电,其中前两者最为常见,对飞机构成威胁的主要是云对地闪电的放电。

闪电放电过程很复杂,且整个过程是在瞬间完成的。典型的云对地闪电的放电过程可以分为5个主要阶段:阶跃先导阶段、初始回击阶段(电流分量 A)、中间电流阶段(电流分量 B)、持续电流阶段(电流分量 C)以及再次放电阶段(电流分量 D)。

(2) 闪电附着

① 初始附着。当飞机在有闪电活动的环境中飞行时,闪电将从一个或几个附着点进入飞机,然后再从几个离开点离开飞机。初始附着点与离开点均出现在飞机的突出部位,如机头、翼尖或安定面尖端等。

② 扫掠雷击。闪电通道在传送电荷过程中,其在空中的位置是稳定的。飞机在进入闪电区后即成为闪电通道的一部分。由于飞机在飞行,而闪电通道存在的时间相对较长,所以飞机是相对闪电通道而飞行的,闪电由前向后扫掠飞机表面,这种现象称为"扫掠雷击",见图 6-1。它使得飞机上那些不是闪电初始附着进入和离开的部位,可能卷入闪电过程。发生扫掠雷击时,闪电通道在飞机不同表面位置上驻留的时间是不同的,其对飞机表面上任一点造成破坏的程度取决于该点处材料的类型、电弧在该点的驻留时间以及闪电附着过程流过的电流量。

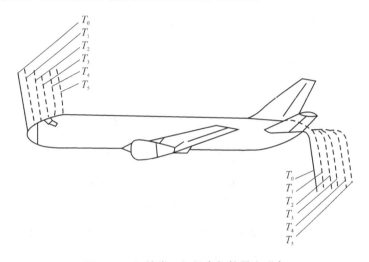

图 6-1 运输类飞机闪电扫掠雷击现象

(3) 闪电效应

闪电效应分直接效应和间接效应。

① 闪电直接效应:由闪电通道的直接附着和/或闪电电流的传导对飞机和/或设备产生的物理效应,包括飞机或设备表面和结构的绝缘击穿、爆炸、畸变、熔化、燃烧和汽化,也包括直接注入到相关导线和管道以及其他导电部件的电压和电流,还包括对人员的电击和闪光视盲。

② 闪电间接效应:闪电在飞机导电部件上产生的瞬态感应。

注:上述闪电直接效应和闪电间接效应的定义取自 AC 20-155A 指定标准 SAE ARP 5412,第 2.6.1 条。

值得注意的是,在某些情况下,飞机同一构件会同时受到闪电的直接效应和间接效应的作用。

闪电直接效应由 A、B、C、D 等直接效应电流分量和 A、B、D 对应的直接效应电压分量来表征。

1B 区(长驻留初始回击区)飞机结构的闪电直接效应评定用闪电电流波形如图 6-2 所示。闪电电流主要分量参数如下:

(1) 电流分量 A——初始回击电流:电流分量 A 具有 $200(1\pm10\%)$ kA 的峰值,在电流幅值下降到 1% 峰值时所需总时间不超过 500 μs 的作用积分为 $2\times10^6(1\pm2\%)A^2 \cdot s$,波形可能是无方向性的或振荡的,从峰值的 10% 上升到 90% 所需的时间不超过 50 μs。

(2) 电流分量 B——中间电流:电流分量 B 具有 $2(1\pm20\%)$ kA 的平均幅值,并在 $5(1\pm10\%)$ ms 的时间里转移 $10(1\pm10\%)$ C 的电荷。该波形是无方向性的,也可能是矩形的、指数型的或者线性衰减的。

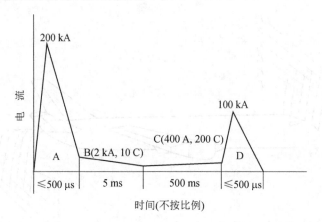

图 6-2 1B 区飞机结构的闪电直接效应评定用闪电电流波形示意图

(3) 电流分量 C——持续电流:电流分量 C 在 $500(1\pm10\%)$ ms 的时间里转移 $200(1\pm20\%)$ C 的电荷。波形是无方向性的,也可能是矩形的、指数型的或者线性衰减的,它的平均幅值在 $400(1\pm20\%)$ A 之间。

(4) 电流分量 D——再次放电电流:电流分量 D 具有 $100(1\pm10\%)$ kA 的峰值,在电流幅值下降到 1% 峰值时所需总时间不超过 500 μs 上的作用积分为 $0.25\times10^6(1\pm20\%)A^2 \cdot s$。试验电流波形可能是无方向性的或振荡的。从峰值的 10% 上升到 90% 所需的时间不超过 25 μs。

2. 闪电附着概率和分区

(1) 闪电附着概率

飞机的闪电附着概率与飞机的类型、地理区域、月份、飞行高度,以及构件所处飞机部位有关。

按地理区域来看,闪电总数以欧洲最多,美国居中,亚洲最少。

按月份来看,闪电百分数由大至小顺序为 3 月、4 月、5 月、7 月、6 月、8 月、9 月、2 月、11 月、10 月、12 月、1 月。

按飞行高度来看,闪电附着概率随飞行高度的增高而减小。

按飞机部位来看,飞机各部位的闪电附着概率见表 6-1。

表6-1 飞机各部位的闪电附着概率

部　位	闪电附着概率/%
机头	25~28
机翼翼尖	40~41
水平尾翼翼尖	14~15
垂尾翼尖	约10
天线、外挂物、尾椎等端部	6~11

(2) 闪电附着分区

根据闪电附着的可能性,将飞机表面划分为三个主要区域。每个区域具有不同的闪电附着特性和传导特性。

1区:可能经历初始闪电附着以及初始回击的区域。

2区:不可能经历初始回击,但有可能经历后续回击的区域。一般是自飞机移动而造成的闪电通道至初始附着点向后扫掠的区域。

3区:可能不会经历电弧附着但会在附着点间传导闪电电流的区域。

由于飞机结构的复杂性,单纯的三个分区不能完全体现飞机表面遭遇的闪电环境,因此对1区和2区进行细分如下:

1A区,即初始回击区:在闪电通道附着的过程中出现首次闪电回击的飞机表面区域,此区域内闪电驻留时间较短。

1B区,即长驻留初始回击区:在闪电通道附着的过程中出现首次闪电回击的飞机表面区域,此区域内闪电驻留时间较长。

1C区,即初始回击过渡区:在闪电通道附着的过程中所有可能附着衰减的初始回击的飞机表面区域,此区域内闪电驻留时间较短。

2A区,即扫掠雷击区:所有可能后续回击扫掠附着的飞机表面,此区域内闪电驻留时间较短。

2B区,即长驻留扫掠雷击区:所有可能后续回击扫掠附着的飞机表面,此区域内闪电驻留时间较长。

典型的飞机闪电附着区参见图6-3。

3. 闪电效应危害分析

闪电效应对飞机造成的危害与飞机结构材料的导电性密切相关。目前的碳纤维复合材料的导电性是标准铝材的1/1 000,而复合材料的树脂和胶黏剂通常不导电,玻璃纤维和芳纶纤维复合材料也不导电。若不提供恰当的导电闪电防护,闪电可能会对复合材料造成结构破坏或大面积损伤,并可能在金属液压管路、燃油系统管路和电缆中诱导产生高闪电电流和电压(见AC 20-107B,11.c),这样的闪电会导致结构发生灾难性的破坏。

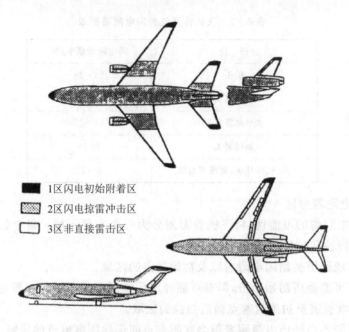

图 6-3 典型的飞机闪电附着区

闪电环境对复合材料主要产生三个方面的闪电效应：
(1) 热效应(由高电流引发)；
(2) 机械效应(由电磁场脉冲和冲击、爆炸引发)；
(3) 电磁(耦合)效应。

闪电效应对复合材料结构造成的损伤有：
(1) 树脂基体性能退化(包括界面破坏)，甚至分解挥发；
(2) 纤维损伤；
(3) 局部或大面积分层；
(4) 击穿结构、严重破损，从而影响结构功能。

闪电效应对飞机复合材料结构造成的危害，大致可以分为三个方面：
(1) 影响结构完整性，甚至造成飞机坠毁；
(2) 结构击穿、电弧、火花和其他起火源会引起燃油系统燃烧、爆炸等，危及飞行安全；
(3) 在电气和电子系统线路中诱导产生高闪电电压和电流，造成系统混乱或损伤，其后果对执行极其关键的电气和电子系统的控制，如电传操纵控制或发动机控制，将是灾难性的。

此外，复合材料不能驱散静电，也不能提供电磁屏蔽，存在静电带来的危害。

6.5.2 闪电防护的适航要求和设计

1. 闪电防护的适航要求

闪电防护的适航要求,依据适航规章 25.281"闪电防护"、25.954"燃油系统的闪电防护"、25.981"燃油箱点燃防护"、25.1316"系统闪电防护"等条款,以及咨询通告(如 AC 20-53B、AC 20-136B、AC 20-155A 等)和 SAE ARP(如 ARP 5412、ARP 5413、ARP 5414、ARP 5416、ARP 5577 等)确定。

适航规章 25.581 列出的闪电防护的基本要求和原则如下:

(1) 飞机必须具有防止闪电引起灾难性后果的相应措施。

(2) 对于非金属组件,下列措施之一可表明符合本条(1)的要求:

① 该组件的设计使闪电的危害减至最小。

② 具有可接受的系统措施,将产生的电流分流而不致危及飞机安全。根据闪电防护的适航要求,闪电防护符合性验证流程见图 6-4。

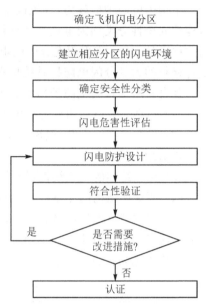

图 6-4 闪电防护符合性验证流程图
(摘自 SAE ARP 5577)

2. 闪电防护设计

(1) 闪电防护设计指南

AC 20-107B,11.c 指出,飞机闪电防护设计指南能够在 FAA 技术报告《飞机闪电防护手册》(DOT/FAA/CT-89/22)中找到。

(2) 闪电防护设计概念

全金属结构与闪电防护基本要求在许多方面是相兼容的,一般来说,为提供充分的闪电防护,对全金属结构只须进行少量的设计更改。

不同复合材料结构所用复合材料的导电性能和介电性能的变化范围较大。碳纤维复合材料具有弱的导电性,而玻璃纤维和芳纶纤维复合材料具有良好的介电性能。在闪电防护设计中,通常有两种闪电防护设计方法——隔离设计方法和传导设计方法,且两者常结合应用。

3. 结构完整性的闪电防护

关于结构完整性的闪电防护,AC 20-107B,11.c.(1)中指出:

(1) 复合材料的结构设计应包含恰当预期闪电附着时的闪电防护。有闪电防护特征的区域取决于设计对飞机表面划分的闪电附着区。闪电防护特征可以包括但不限于在预期会受到闪电直接附着的复合材料结构外表面上粘贴金属丝或网。

(2) 当飞机遭遇闪电时,有很高的电流通过机体。在结构部件间必须构建适当的电搭接,这对活动部件(如副翼、方向舵和升降舵)来说非常困难。所确定的电搭接的尺寸必须能传递闪电电流或能把高强度电流通过潜在的通路,如操纵电缆、操纵杆或液压导管而被耗散掉。飞机结构闪电防护的审定指南可以在运输机指导性政策文件 ANM-111-05-004 中引用的 SAE 航空推荐实例中找到。

结构闪电防护措施为:首先确定飞机闪电附着分区和相应的闪电环境,然后确定结构的安全性分类和闪电危害性评估,并明确需要进行闪电防护的关键构件,进行闪电防护设计。1 区应采用充分的闪电防护措施,以便将闪电效应危害减到最低限度。复合材料的大部分闪电防护系统用在 1 区范围内。

复合材料结构闪电防护措施如下:
(1) 提高复合材料构件的导电性及电磁屏蔽作用。
(2) 采取绝缘的方案,但该方案不能起到电磁屏蔽作用,因此,它并不对所有的情况均适用。
(3) 保证结构的电连续性,提供一个低阻抗的电通路。
(4) 要保证结构的完整性,防护系统应能够传送闪电大电流而不损伤结构。
(5) 注意细节设计,如保证连接处的电连续性;避免急剧弯曲和尖角;注意各导体的汇流和放电刷导电通路的可靠性等。

常用闪电防护方法见表 6-2。

表 6-2 常用闪电防护方法

防护方法	使用说明
表面火焰喷涂铝	喷涂厚度控制、表面粗糙、涂膜致密性控制,以及与复合材料的结合力控制均是难点;还应保证涂层间在构件变形过程中不产生裂纹;应采用涂有脱模剂的模具进行火焰喷涂
铝(或铜)丝网	适用于复杂曲面结构,比喷涂铝易控制,且重量轻。若要求表面光滑,则在固化时使树脂透过铝丝网,或涂漆前进行表面充填、抛光
分流条	在构件上每隔一定距离安装一片铝片或在构件四周安置一圈铝片。注意铝片与金属骨架间的搭接电阻要很小
防闪电导电涂层	在构件外表面涂导电涂层,以降低构件表面电阻

4. 燃油系统的闪电防护

关于对燃油系统的闪电防护,AC 20-107B,11.c.(2)中指出:

(1) 对复合材料结构中带整体油箱的飞机,必须特别考虑燃油系统的闪电防护。带整体燃油系统的复合材料结构,在复合材料外表面以及连接、紧固件上必须有专门的闪电防护特征,以燃油系统管路和部件的结构支架消除结构击穿、电弧、火花和其他起火源。AC 20-53 给出了飞机燃油系统闪电防护的审定指南。

(2) 适航规章 25.981 中关于对燃油系统的起火预防,要求闪电防护满足防护失效容限要求。因此,对油箱结构中复合材料结构的连接和紧固件,必须有冗余和稳定可靠的闪电防护,来保证对起火源有适当的防护。

闪电过程中产生的高电压、大电流、大库仑电荷(持续高电流)对复合材料油箱威胁极大。如果闪电防护达不到要求,发生油箱闪电事故,如爆炸或火灾,都危及飞行安全。

油箱闪电防护措施主要有:在结构总体布局上考虑将油箱布置在机翼根部附近,使其处于扫掠雷击2A区,以减少闪电直接击中的可能性。

闪电防护设计的合理性、有效性和可靠性必须经试验验证。试验参数按有关标准规定确定。

(1) 在结构总体布局时,应将整体油箱布置在遭遇闪电概率低的区域。对机翼整体油箱而言,应布置在机翼的根部和中部。

(2) 要采用合适的闪电防护措施,及时传导并释放整体油箱表面的闪电电荷。在细节设计中,应注意整体油箱零件间要有良好的导电通路并避免急剧弯曲和尖角,还应注意各导电体的汇流和电刷导电通路的可靠性。

5. 电气和电子系统的闪电防护

关于对电气和电子系统的闪电防护,AC 20-107B,11.c.(3)中指出:

(1) 复合材料结构的闪电防护是必需的,以避免在电气和电子系统线路中诱导产生高闪电电压和电流。这些系统的混乱或损伤将会影响飞机的安全运行。无闪电防护的复合材料结构遭遇闪电的后果对执行极其关键的电气与电子系统的控制,如电传操纵飞控系统或发动机控制系统,将是灾难性的。

(2) 对电气和电子设备的系统导线进行电屏蔽和稳定可靠的电路设计,两者均能对闪电引起的系统混乱或损伤提供某种防护作用。由于多数复合材料提供的屏蔽能力很差,通常在复合材料结构上附加粘贴金属箔或网来对导线和设备提供额外的电屏蔽。在复合材料结构零件与壁板间应提供电搭接以使屏蔽有效。AC 20-136提供了飞机电气和电子系统闪电防护的审定指南。

6. 闪电防护设计参考

举例:A320垂直尾翼闪电防护。

根据闪电附着区域划分,A320垂直尾翼上部区域1 m半径的范围为1和2附着区,其余部分为3附着区,如图6-5所示。

在闪电威胁(危害)分析基础上,拟定出A320垂直尾翼闪电防护设计目标:

(1) 直接雷击不应对结构和设备造成需要立即修理的击穿损伤或任何其他损伤;

(2) 直接雷击不应影响飞行安全性或引起要求卸下垂尾进行修理的损伤。

A320垂直尾翼闪电防护系统如图6-6所示。整个防护系统基于碳纤维增强复合材料(CFRP)可以传递大量雷击电流而不遭受损伤,并具有在整个结构内确保电流连续性的能力。采取布置金属导流条和搭铁线的办法,确保雷击电流传递到机身,

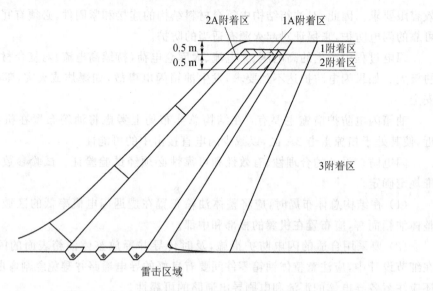

图 6-5　A320 垂直尾翼闪电附着区域划分示意图

提供连续通畅的闪电传递通路。

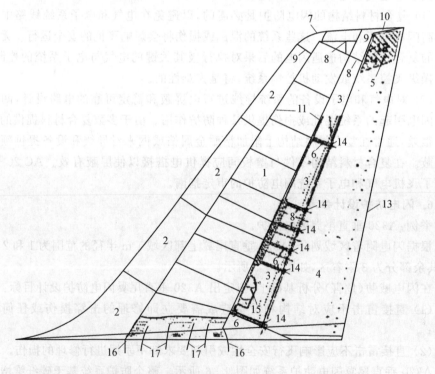

注：图中数字为闪电防护的设计区域，具体数字文中并未使用。

图 6-6　A320 垂直尾翼闪电防护系统示意图

雷击验证试验结果表明,A320垂直尾翼闪电防护有效,满足相关适航规章要求。

6.5.3 闪电防护设计验证

AC 20-107B,11.c 指出：

(1) 复合材料结构闪电防护的有效性应通过试验或用试验支持的分析来验证。这样的试验典型是用壁板、试样、组件或代表飞机结构的试件完成,或对整机进行试验。

(2) 闪电试验波形和闪电附着区在 AC 20-155 用的 SAE 技术报告中已给出定义。

(3) 标准闪电试验中观察到的任何结构损伤应限于类别 1、2 和 3,这取决于检查水平。对损伤进行表征并恰当地纳入损伤容限分析和试验中。

(4) 归于 FAR-23 审定的单翼小飞机,对仅用目视飞行规则(VFR,Visual Flight Rules)情况,以按 AC 23-15 进行的工程评定为基础完成审定。

(5) 应评定复合材料结构的修理和维护对闪电防护系统的影响。修理和维护应保持原复合材料结构的闪电防护能力。

(6) 应进行模拟闪电试验(除非已通过别的方式得到验证)。用缩比的(或全尺寸的)整体燃油箱结构来做模拟闪电试验。模拟试验要进行高电压和大电流两项试验,以检验所采用的防雷击措施是否合理和可靠,同时为修改防雷击设计提供试验依据。燃油箱试验中会采用可燃蒸汽法,即充入 5%氢气、12%氧气和 83%氩气的可燃蒸汽进行试验。该法通常为热点检查的首选方法。

6.5.4 静电及其防护

静电存在是一个普遍现象。飞机在加油和运行过程中,机翼油箱内的燃油始终处于振动状态,特别是机动飞行时,燃油与油箱内部结构产生剧烈的摩擦、撞击、溅泼等现象,燃油本身也会搅动,从而产生大量静电。静电产生的同时,也会随导体泄漏、释放。然而复合材料本身是电的不良导体,静电泄漏很慢,导致静电积累。当静电累积达到一定程度、油箱内环境又有引发放电的敏感条件(如油箱内部的尖角、凸包等)时,会产生放电火花,点燃航空燃油蒸气和空气的混合气体,造成油箱燃炸或火灾事故。

飞机飞行过程中产生的静电主要有由空中电场及雷雨天时的乌云所引起的感应静电、飞机与大气中飘浮颗粒接触或碰撞而引起的静电及由于发动机排出废气引起的静电。

复合材料结构的静电防护方法与金属结构的基本相同。应合理地配置静电放电器,注意将输油系统接地,并采用搭铁方式(通常每个操纵面上应有多个搭铁)。对复合材料构件还可采用防静电涂料。

第 7 章 复合材料力学性能分析

复合材料因其特殊的结构形式和力学性能,在航空航天等领域得到了广泛的应用。复合材料属于各向异性材料,与传统金属材料在力学性能方面有很大不同,同时复合材料的多组分层结构特征造成了其在结构分析方面的复杂性。本章简要介绍复合材料在工程中经常会用到的一些力学知识。

7.1 复合材料的应力-应变关系

7.1.1 一般各向异性材料的应力-应变关系

图 7-1 显示的是各向异体一个材料积分点在直角坐标系中的应力状态,定义垂直于作用面的应力分量为正应力,平行于作用面的应力分量为剪应力。应力符号的双下标中,第一个下标表示作用面的外法线方向,第二个下标表示应力分量的方向。其中 6 个剪应力应满足剪应力互等定理,$\sigma_{yz}=\sigma_{zy}$,$\sigma_{zx}=\sigma_{xz}$,$\sigma_{xy}=\sigma_{yx}$,所以独立的应力分量有 6 个,分别为 σ_x、σ_y、σ_z、σ_{yz}、σ_{zx}、σ_{xy}。

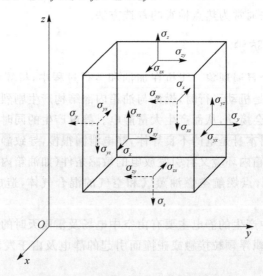

图 7-1 各向异性体一点上的应力状态

广义胡克定律反映了各向异性弹性体中的应力与应变的线性关系,构成各向异性弹性力学的本构方程。在小变形的情况下,对于均匀弹性体,应变-应力关系用广

义胡克定律可以表示为

$$\begin{Bmatrix} \varepsilon_x \\ \varepsilon_y \\ \varepsilon_z \\ \varepsilon_{yz} \\ \varepsilon_{zx} \\ \varepsilon_{xy} \end{Bmatrix} = \begin{bmatrix} S_{11} & S_{12} & S_{13} & S_{14} & S_{15} & S_{16} \\ S_{21} & S_{22} & S_{23} & S_{24} & S_{25} & S_{26} \\ S_{31} & S_{32} & S_{33} & S_{34} & S_{35} & S_{36} \\ S_{41} & S_{42} & S_{43} & S_{44} & S_{45} & S_{46} \\ S_{51} & S_{52} & S_{53} & S_{54} & S_{55} & S_{56} \\ S_{61} & S_{62} & S_{63} & S_{64} & S_{65} & S_{66} \end{bmatrix} \begin{Bmatrix} \sigma_x \\ \sigma_y \\ \sigma_z \\ \sigma_{yz} \\ \sigma_{zx} \\ \sigma_{xy} \end{Bmatrix} \quad (7-1)$$

式中：S 为表征材料弹性特性的柔度矩阵。对式(7-1)中的 S 求逆，得到各向异性材料的应力-应变关系式为

$$\begin{Bmatrix} \sigma_x \\ \sigma_y \\ \sigma_z \\ \sigma_{yz} \\ \sigma_{zx} \\ \sigma_{xy} \end{Bmatrix} = \begin{bmatrix} C_{11} & C_{12} & C_{13} & C_{14} & C_{15} & C_{16} \\ C_{21} & C_{22} & C_{23} & C_{24} & C_{25} & C_{26} \\ C_{31} & C_{32} & C_{33} & C_{34} & C_{35} & C_{36} \\ C_{41} & C_{42} & C_{43} & C_{44} & C_{45} & C_{46} \\ C_{51} & C_{52} & C_{53} & C_{54} & C_{55} & C_{56} \\ C_{61} & C_{62} & C_{63} & C_{64} & C_{65} & C_{66} \end{bmatrix} \begin{Bmatrix} \varepsilon_x \\ \varepsilon_y \\ \varepsilon_z \\ \varepsilon_{yz} \\ \varepsilon_{zx} \\ \varepsilon_{xy} \end{Bmatrix} \quad (7-2)$$

式中：C 为表征材料弹性特征的刚度矩阵，满足如下关系式

$$C = S^{-1} \quad (7-3)$$

一般各向异性材料的弹性常数就有 36 个。对于均匀各向异性体，S_{ij} 和 C_{ij} 均为常数；对于非均匀体，它们是坐标的函数。

通过对材料的应变能密度分析得到

$$C_{ij} = C_{ji} \quad (7-4)$$

同样可以推得关系式

$$S_{ij} = S_{ji} \quad (7-5)$$

式(7-4)和式(7-5)表明刚度矩阵 C 和柔度矩阵 S 都是对称矩阵。由于对称性的存在，各向异性材料的独立弹性常数减少为 21 个。

7.1.2 正交各向异性材料的应力-应变关系

单轴弹性对称材料是指具有一个弹性对称面的各向异性材料。通过应变能密度分析可以得到单轴对称材料的刚度矩阵中

$$C_{14} = C_{15} = C_{24} = C_{25} = C_{34} = C_{35} = C_{64} = C_{65} = 0 \quad (7-6)$$

这种材料的独立弹性常数减少到 13 个。

正交各向异性材料是指均匀材料中的任一点具有三个互相垂直的弹性对称面材料，则刚度矩阵弹性常数可以进一步简化为

$$C_{16} = C_{26} = C_{36} = C_{45} = 0 \quad (7-7)$$

于是可以得到正交各向异性材料的应力-应变关系式为

$$\begin{bmatrix} \sigma_1 \\ \sigma_2 \\ \sigma_3 \\ \tau_{23} \\ \tau_{13} \\ \tau_{12} \end{bmatrix} = \begin{bmatrix} C_{11} & C_{12} & C_{13} & 0 & 0 & 0 \\ C_{21} & C_{22} & C_{23} & 0 & 0 & 0 \\ C_{31} & C_{32} & C_{33} & 0 & 0 & 0 \\ 0 & 0 & 0 & C_{44} & 0 & 0 \\ 0 & 0 & 0 & 0 & C_{55} & 0 \\ 0 & 0 & 0 & 0 & 0 & C_{66} \end{bmatrix} \begin{bmatrix} \varepsilon_1 \\ \varepsilon_2 \\ \varepsilon_3 \\ \gamma_{23} \\ \gamma_{31} \\ \gamma_{12} \end{bmatrix} \quad (7-8)$$

求逆可得应变-应力关系式为

$$\begin{bmatrix} \varepsilon_1 \\ \varepsilon_2 \\ \varepsilon_3 \\ \gamma_{23} \\ \gamma_{31} \\ \gamma_{12} \end{bmatrix} = \begin{bmatrix} S_{11} & S_{12} & S_{13} & 0 & 0 & 0 \\ S_{21} & S_{22} & S_{23} & 0 & 0 & 0 \\ S_{31} & S_{32} & S_{33} & 0 & 0 & 0 \\ 0 & 0 & 0 & S_{44} & 0 & 0 \\ 0 & 0 & 0 & 0 & S_{55} & 0 \\ 0 & 0 & 0 & 0 & 0 & S_{66} \end{bmatrix} \begin{bmatrix} \sigma_1 \\ \sigma_2 \\ \sigma_3 \\ \tau_{23} \\ \tau_{13} \\ \tau_{12} \end{bmatrix} \quad (7-9)$$

这种材料的独立弹性常数减少到9个。由式(7-8)和式(7-9)可知,正交各向异性材料的正应力和剪应变或剪应力与正应变之间没有耦合作用。

7.2 复合材料的工程弹性常数

7.2.1 工程弹性常数表示的应力-应变关系

工程弹性常数包括拉压弹性模量、剪切弹性模量和泊松比。这些常数可以通过试验的方法测量得到。在工程实际应用中,通常采用工程弹性常数来表示各向异性材料的应力-应变关系。按雷比诺维奇的符号系统,一般的各向异性体可写成

$$\begin{bmatrix} \varepsilon_x \\ \varepsilon_y \\ \varepsilon_z \\ \varepsilon_{yz} \\ \varepsilon_{zx} \\ \varepsilon_{xy} \end{bmatrix} = \begin{bmatrix} \dfrac{1}{E_x} & -\dfrac{v_{yx}}{E_y} & -\dfrac{v_{zx}}{E_z} & -\dfrac{\eta_{yz,x}}{G_{yz}} & -\dfrac{\eta_{xz,x}}{G_{xz}} & -\dfrac{\eta_{xy,x}}{G_{xy}} \\ -\dfrac{v_{xy}}{E_x} & \dfrac{1}{E_y} & -\dfrac{v_{zy}}{E_z} & -\dfrac{\eta_{yz,y}}{G_{yz}} & -\dfrac{\eta_{xz,y}}{G_{xz}} & -\dfrac{\eta_{xy,y}}{G_{xy}} \\ -\dfrac{v_{xz}}{E_x} & -\dfrac{v_{yz}}{E_y} & \dfrac{1}{E_z} & -\dfrac{\eta_{yz,z}}{G_{yz}} & -\dfrac{\eta_{xz,z}}{G_{xz}} & -\dfrac{\eta_{xy,z}}{G_{xy}} \\ -\dfrac{\eta_{x,yz}}{E_x} & -\dfrac{\eta_{y,yz}}{E_y} & -\dfrac{\eta_{z,yz}}{E_z} & \dfrac{1}{G_{yz}} & -\dfrac{\mu_{xz,yz}}{G_{xz}} & -\dfrac{\mu_{xy,yz}}{G_{xy}} \\ -\dfrac{\eta_{x,xz}}{E_x} & -\dfrac{\eta_{y,xz}}{E_y} & -\dfrac{\eta_{z,xz}}{E_z} & -\dfrac{\mu_{yz,xz}}{G_{yz}} & \dfrac{1}{G_{xz}} & -\dfrac{\mu_{xy,xz}}{G_{xy}} \\ -\dfrac{\eta_{x,xy}}{E_x} & -\dfrac{\eta_{y,xy}}{E_y} & -\dfrac{\eta_{z,xy}}{E_z} & -\dfrac{\mu_{yz,xy}}{G_{yz}} & -\dfrac{\mu_{xz,xy}}{G_{xz}} & \dfrac{1}{G_{xy}} \end{bmatrix} \begin{bmatrix} \sigma_x \\ \sigma_y \\ \sigma_z \\ \sigma_{yz} \\ \sigma_{zx} \\ \sigma_{xy} \end{bmatrix}$$

$$(7-10)$$

式中：E_x、E_y、E_z 分别为 x、y、z 轴方向的拉伸弹性模量；G_{yz}、G_{zx}、G_{xy} 分别为 Oyz、Ozx、Oxy 平面的剪切模量；v_{yz}、v_{zx}、v_{xy} 为三个坐标方向的泊松比，第一个下标表示作用力的方向，第二个下标表示作用力引起伸缩的方向；$\eta_{yz,x}$、$\eta_{xz,x}$、$\eta_{xy,x}$ …为第一类相互影响系数；$\eta_{x,yz}$、$\eta_{y,yz}$、$\eta_{z,yz}$ …为第二类相互影响系数，它们反映拉-剪耦合作用；系数 $\mu_{xz,yz}$、$\mu_{xy,yz}$、$\mu_{xy,xz}$ …为钦卓夫系数，反映两个坐标面方向剪切的耦合作用。

对于正交各向异性材料，用工程弹性常数表示的应力-应变关系式为

$$\begin{bmatrix} \varepsilon_1 \\ \varepsilon_2 \\ \varepsilon_3 \\ \gamma_{23} \\ \gamma_{31} \\ \gamma_{12} \end{bmatrix} = \begin{bmatrix} \dfrac{1}{E_1} & -\dfrac{v_{21}}{E_2} & -\dfrac{v_{31}}{E_3} & 0 & 0 & 0 \\ -\dfrac{v_{12}}{E_1} & \dfrac{1}{E_2} & -\dfrac{v_{32}}{E_3} & 0 & 0 & 0 \\ \dfrac{v_{13}}{E_1} & \dfrac{v_{23}}{E_2} & \dfrac{1}{E_3} & 0 & 0 & 0 \\ 0 & 0 & 0 & \dfrac{1}{G_{23}} & 0 & 0 \\ 0 & 0 & 0 & 0 & \dfrac{1}{G_{13}} & 0 \\ 0 & 0 & 0 & 0 & 0 & \dfrac{1}{G_{12}} \end{bmatrix} \begin{bmatrix} \sigma_1 \\ \sigma_2 \\ \sigma_3 \\ \tau_{23} \\ \tau_{13} \\ \tau_{12} \end{bmatrix} \quad (7-11)$$

式中：ε_1、ε_2、ε_3、γ_{23}、γ_{31} 和 γ_{12} 为材料主方向上的应变分量；σ_1、σ_2、σ_3、τ_{23}、τ_{13} 和 τ_{12} 为材料主方向上的应力分量；E_1、E_2、E_3、G_{23}、G_{13} 和 G_{12} 为材料的主弹性模量。

根据弹性系数矩阵的对称性可得如下等式

$$\begin{cases} \dfrac{E_1}{v_{12}} = \dfrac{E_2}{v_{21}} \\ \dfrac{E_1}{v_{13}} = \dfrac{E_3}{v_{31}} \\ \dfrac{E_2}{v_{23}} = \dfrac{E_3}{v_{32}} \end{cases} \quad (7-12)$$

7.2.2 正交各向异性材料工程弹性常数的限制条件

按照能量不灭原理可以确定正交各向异性材料的限制条件。为了使应力分量和对应的应变分量的乘积为正，要求刚度矩阵和柔度矩阵为正定矩阵，则有

$$\begin{cases} S_{11}, S_{22}, S_{33}, S_{44}, S_{55}, S_{66} > 0 \\ C_{11}, C_{22}, C_{33}, C_{44}, C_{55}, C_{66} > 0 \end{cases} \quad (7-13)$$

即有

$$E_1, E_2, E_3, G_{23}, G_{31}, G_{12} > 0 \quad (7-14)$$

将式(7-11)中用工程弹性常数表示的刚度矩阵求逆,又由正定矩阵条件可以推得

$$\begin{cases} 1 - \upsilon_{12}\upsilon_{21} > 0 \\ 1 - \upsilon_{13}\upsilon_{31} > 0 \\ 1 - \upsilon_{23}\upsilon_{32} > 0 \end{cases} \tag{7-15}$$

由式(7-12)可得

$$\begin{cases} \upsilon_{12}^2 < \dfrac{E_1}{E_2}, & \upsilon_{21}^2 < \dfrac{E_2}{E_1} \\ \upsilon_{13}^2 < \dfrac{E_1}{E_3}, & \upsilon_{31}^2 < \dfrac{E_3}{E_1} \\ \upsilon_{23}^2 < \dfrac{E_2}{E_3}, & \upsilon_{32}^2 < \dfrac{E_3}{E_2} \end{cases} \tag{7-16}$$

介绍工程弹性常数限制条件的目的是,检验材料的试验数据或正交各向异性材料模型是否正确。

7.3 复合材料的应力/应变和刚度/柔度矩阵的坐标变换

7.3.1 一般各向异性材料的应力/应变和刚度/柔度矩阵的坐标变换

在复合材料层合结构中,假设各个铺层有共同的弹性主轴 z 轴,则各个铺层的应力/应变本构关系(刚度矩阵或柔度矩阵)是铺层角的函数,且与坐标方向有关。分析和设计复合材料一般在整体坐标系下进行,而各个铺层的主轴方向往往与整体坐标系的主轴方向不一致,所以需要对各个铺层进行坐标变换。如图 7-2 所示,将材料或主轴坐标系下(旧坐标系 $O123$)的应力/应变关系转换为整体或偏轴坐标系(新坐标系 $Oxyz$)下的关系时,刚度矩阵和柔度矩阵也会发生相应的改变。

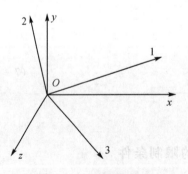

图 7-2 新、旧坐标系

新坐标系下应力 σ' 与旧坐标系下应力 σ 的变换公式为

$$\sigma' = T_\sigma \sigma \tag{7-17}$$

其中

$$T_\sigma = \begin{bmatrix} l_1^2 & m_1^2 & n_1^2 & 2m_1n_1 & 2n_1l_1 & 2l_1m_1 \\ l_2^2 & m_2^2 & n_2^2 & 2m_2n_2 & 2n_2l_2 & 2l_2m_2 \\ l_3^2 & m_3^2 & n_3^2 & 2m_3n_3 & 2n_3l_3 & 2l_3m_3 \\ l_2l_3 & m_2m_3 & n_2n_3 & m_2n_3+m_3n_2 & n_2l_3+n_3l_2 & l_2m_3+l_3m_2 \\ l_3l_1 & m_3m_1 & n_3n_1 & m_3n_1+m_1n_3 & n_3l_1+n_1l_3 & l_3m_1+l_1m_3 \\ l_1l_2 & m_1m_2 & n_1n_2 & m_1n_2+m_2n_1 & n_1l_2+n_2l_1 & l_1m_2+l_2m_1 \end{bmatrix}$$

(7-18)

将 T_σ 简记为 T，称为应力转换矩阵。$l_i, m_i, n_i (i=1,2,3)$ 为 $Oxyz$ 坐标系和 $O123$ 坐标系中各坐标轴间的方向余弦，如表 7-1 所列。

表 7-1　新、旧坐标系中各个坐标轴间的方向余弦

旧坐标系＼新坐标系	x	y	z
1	l_1	m_1	n_1
2	l_2	m_2	n_2
3	l_3	m_3	n_3

则应变转轴方程为

$$\begin{bmatrix} \varepsilon_1 \\ \varepsilon_2 \\ \varepsilon_3 \\ \frac{1}{2}\gamma_{23} \\ \frac{1}{2}\gamma_{13} \\ \frac{1}{2}\gamma_{12} \end{bmatrix} = T \begin{bmatrix} \varepsilon_x \\ \varepsilon_y \\ \varepsilon_z \\ \frac{1}{2}\gamma_{yz} \\ \frac{1}{2}\gamma_{xz} \\ \frac{1}{2}\gamma_{xy} \end{bmatrix}; \quad \begin{bmatrix} \varepsilon_x \\ \varepsilon_y \\ \varepsilon_z \\ \frac{1}{2}\gamma_{yz} \\ \frac{1}{2}\gamma_{xz} \\ \frac{1}{2}\gamma_{xy} \end{bmatrix} = T^{-1} \begin{bmatrix} \varepsilon_1 \\ \varepsilon_2 \\ \varepsilon_3 \\ \frac{1}{2}\gamma_{23} \\ \frac{1}{2}\gamma_{13} \\ \frac{1}{2}\gamma_{12} \end{bmatrix}$$

(7-19)

引入 Router 矩阵

$$R = \begin{bmatrix} 1 & 0 & 0 & 0 & 0 & 0 \\ 0 & 1 & 0 & 0 & 0 & 0 \\ 0 & 0 & 1 & 0 & 0 & 0 \\ 0 & 0 & 0 & 2 & 0 & 0 \\ 0 & 0 & 0 & 0 & 2 & 0 \\ 0 & 0 & 0 & 0 & 0 & 2 \end{bmatrix}$$

(7-20)

则在偏轴坐标系下材料的应力-应变关系为

$$\begin{bmatrix} \sigma_x \\ \sigma_y \\ \sigma_z \\ \tau_{yz} \\ \tau_{xz} \\ \tau_{xy} \end{bmatrix} = T^{-1} \begin{bmatrix} \sigma_1 \\ \sigma_2 \\ \sigma_3 \\ \tau_{23} \\ \tau_{13} \\ \tau_{12} \end{bmatrix} = T^{-1} Q \begin{bmatrix} \varepsilon_1 \\ \varepsilon_2 \\ \varepsilon_3 \\ \gamma_{23} \\ \gamma_{13} \\ \gamma_{12} \end{bmatrix} = T^{-1} QR \begin{bmatrix} \varepsilon_1 \\ \varepsilon_2 \\ \varepsilon_3 \\ \frac{1}{2}\gamma_{23} \\ \frac{1}{2}\gamma_{13} \\ \frac{1}{2}\gamma_{12} \end{bmatrix} =$$

$$T^{-1} QRT \begin{bmatrix} \varepsilon_1 \\ \varepsilon_2 \\ \varepsilon_3 \\ \frac{1}{2}\gamma_{23} \\ \frac{1}{2}\gamma_{13} \\ \frac{1}{2}\gamma_{12} \end{bmatrix} = T^{-1} TQTR^{-1} \begin{bmatrix} \varepsilon_x \\ \varepsilon_y \\ \varepsilon_z \\ \gamma_{yz} \\ \gamma_{xz} \\ \gamma_{xy} \end{bmatrix} = \bar{Q} \begin{bmatrix} \varepsilon_x \\ \varepsilon_y \\ \varepsilon_z \\ \gamma_{yz} \\ \gamma_{xz} \\ \gamma_{xy} \end{bmatrix} \quad (7-21)$$

所以,在偏轴坐标系下的刚度矩阵为

$$\bar{Q} = T^{-1} QRTR^{-1} \quad (7-22)$$

偏轴柔度矩阵可以对式(7-22)求逆来确定,即

$$\begin{bmatrix} \varepsilon_x \\ \varepsilon_y \\ \varepsilon_z \\ \gamma_{yz} \\ \gamma_{xz} \\ \gamma_{xy} \end{bmatrix} = \bar{Q}^{-1} \begin{bmatrix} \sigma_x \\ \sigma_y \\ \sigma_z \\ \tau_{yz} \\ \tau_{xz} \\ \tau_{xy} \end{bmatrix} = RT^{-1} R^{-1} ST \begin{bmatrix} \sigma_x \\ \sigma_y \\ \sigma_z \\ \tau_{yz} \\ \tau_{xz} \\ \tau_{xy} \end{bmatrix} \quad (7-23)$$

所以,材料的偏轴柔度矩阵为

$$\bar{S} = RT^{-1} R^{-1} ST \quad (7-24)$$

7.3.2 正交各向异性材料的应力/应变和刚度/柔度矩阵的坐标变换

如图7-3所示,对于单向纤维增强复合材料的正交各向异性板,沿着纤维方向(图中水平方向虚线)是材料的一个主轴,另外两个材料的主轴与纤维方向垂直。

定义纤维方向为主轴方向1,其余两个主轴方向2、3则根据右手定则来确定。由7.2.1小节可知,材料主轴方向的柔度矩阵为

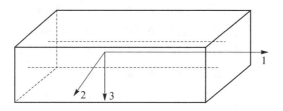

图 7-3 单向纤维增强复合材料层合板

$$S = \begin{bmatrix} \dfrac{1}{E_1} & -\dfrac{v_{21}}{E_2} & -\dfrac{v_{31}}{E_3} & 0 & 0 & 0 \\ -\dfrac{v_{12}}{E_1} & \dfrac{1}{E_2} & -\dfrac{v_{23}}{E_3} & 0 & 0 & 0 \\ -\dfrac{v_{13}}{E_1} & -\dfrac{v_{23}}{E_2} & \dfrac{1}{E_3} & 0 & 0 & 0 \\ 0 & 0 & 0 & \dfrac{1}{G_{23}} & 0 & 0 \\ 0 & 0 & 0 & 0 & \dfrac{1}{G_{31}} & 0 \\ 0 & 0 & 0 & 0 & 0 & \dfrac{1}{G_{12}} \end{bmatrix} \quad (7-25)$$

刚度矩阵可以对柔度矩阵求逆得到

$$Q = S^{-1} \quad (7-26)$$

根据式(7-22)可以得到正交各向异性板的偏轴刚度矩阵为

$$\bar{Q} = \begin{bmatrix} \bar{Q}_{11} & \bar{Q}_{12} & \bar{Q}_{13} & \bar{Q}_{14} & \bar{Q}_{15} & \bar{Q}_{16} \\ \bar{Q}_{21} & \bar{Q}_{22} & \bar{Q}_{23} & \bar{Q}_{24} & \bar{Q}_{25} & \bar{Q}_{26} \\ \bar{Q}_{31} & \bar{Q}_{32} & \bar{Q}_{33} & \bar{Q}_{34} & \bar{Q}_{35} & \bar{Q}_{36} \\ \bar{Q}_{41} & \bar{Q}_{42} & \bar{Q}_{43} & \bar{Q}_{44} & \bar{Q}_{45} & \bar{Q}_{46} \\ \bar{Q}_{51} & \bar{Q}_{52} & \bar{Q}_{53} & \bar{Q}_{54} & \bar{Q}_{55} & \bar{Q}_{56} \\ \bar{Q}_{61} & \bar{Q}_{62} & \bar{Q}_{63} & \bar{Q}_{64} & \bar{Q}_{65} & \bar{Q}_{66} \end{bmatrix} \quad (7-27)$$

与正轴刚度矩阵 Q 的不同之处在于,偏轴刚度矩阵多出了 24 个刚度矩阵子元,称为耦合子元。

令 $m = \cos\theta, n = \sin\theta$,其中 θ 为铺层的方向角。则应力转换矩阵为

$$T = \begin{bmatrix} m^2 & n^2 & 0 & 0 & 0 & 2mn \\ n^2 & m^2 & 0 & 0 & 0 & -2mn \\ 0 & 0 & 1 & 0 & 0 & 0 \\ 0 & 0 & 0 & m & -n & 0 \\ 0 & 0 & 0 & n & m & 0 \\ -mn & mn & 0 & 0 & 0 & m^2 - n^2 \end{bmatrix} \quad (7-28)$$

在正交各向异性板中,坐标系可绕 z 轴旋转。将 z 轴看作每个铺层的一个弹性主轴,则有 $\bar{Q}_{14}=\bar{Q}_{15}=\bar{Q}_{24}=\bar{Q}_{25}=\bar{Q}_{34}=\bar{Q}_{35}=\bar{Q}_{46}=\bar{Q}_{56}=0$,根据式(7-22)得到各个铺层的偏轴刚度矩阵为

$$\bar{Q} = \begin{bmatrix} \bar{Q}_{11} & \bar{Q}_{12} & \bar{Q}_{13} & 0 & 0 & \bar{Q}_{16} \\ \bar{Q}_{21} & \bar{Q}_{22} & \bar{Q}_{23} & 0 & 0 & \bar{Q}_{26} \\ \bar{Q}_{31} & \bar{Q}_{32} & \bar{Q}_{33} & 0 & 0 & \bar{Q}_{36} \\ 0 & 0 & 0 & \bar{Q}_{44} & \bar{Q}_{45} & 0 \\ 0 & 0 & 0 & \bar{Q}_{54} & \bar{Q}_{55} & 0 \\ \bar{Q}_{61} & \bar{Q}_{62} & \bar{Q}_{63} & 0 & 0 & \bar{Q}_{66} \end{bmatrix} \quad (7-29)$$

在偏轴刚度矩阵中,每个子元素都是主轴刚度矩阵中元素和铺层角的函数。将偏轴刚度矩阵中的各个元素用应力矩阵转换式表示为

$$\begin{Bmatrix} \bar{Q}_{11} \\ \bar{Q}_{12} \\ \bar{Q}_{22} \\ \bar{Q}_{13} \\ \bar{Q}_{23} \\ \bar{Q}_{33} \\ \bar{Q}_{44} \\ \bar{Q}_{55} \\ \bar{Q}_{66} \\ \bar{Q}_{16} \\ \bar{Q}_{26} \\ \bar{Q}_{36} \\ \bar{Q}_{45} \end{Bmatrix} = \begin{bmatrix} m^4 & 2m^2n^2 & n^4 & 0 & 0 & 0 & 0 & 4m^2n^2 \\ m^2n^2 & m^4+n^4 & m^2n^2 & 0 & 0 & 0 & 0 & -4m^2n^2 \\ n^4 & 2m^2n^2 & m^4 & 0 & 0 & 0 & 0 & 4m^2n^2 \\ 0 & 0 & 0 & m^2 & n^2 & 0 & 0 & 0 \\ 0 & 0 & 0 & n^2 & m^2 & 0 & 0 & 0 \\ 0 & 0 & 0 & 0 & 0 & 1 & 0 & 0 \\ 0 & 0 & 0 & 0 & 0 & 0 & m^2 & n^2 & 0 \\ 0 & 0 & 0 & 0 & 0 & 0 & n^2 & m^2 & 0 \\ m^2n^2 & -2m^2n^2 & m^2n^2 & 0 & 0 & 0 & 0 & (m^2-n^2)^2 \\ m^3n & mn^3-m^3n & -mn^3 & 0 & 0 & 0 & 0 & -2mn(m^2-n^2) \\ mn^3 & m^3n-mn^3 & -m^3n & 0 & 0 & 0 & 0 & 2mn(m^2-n^2) \\ 0 & 0 & 0 & mn & -mn & 0 & 0 & 0 \\ 0 & 0 & 0 & -mn & mn & 0 & 0 & 0 \end{bmatrix} \begin{Bmatrix} Q_{11} \\ Q_{12} \\ Q_{22} \\ Q_{13} \\ Q_{23} \\ Q_{33} \\ Q_{44} \\ Q_{55} \\ Q_{66} \end{Bmatrix}$$

$$(7-30)$$

简记为

$$\overline{Q} = PQ \tag{7-31}$$

式中：$\overline{Q}$ 为 13×1 的列阵；P 为 13×9 的转换矩阵；Q 为 9×1 的列阵。

7.3.3 平面应力状态下应力/应变和刚度/柔度矩阵的坐标变换

在工程应用中，相对于板的长度和宽度来说复合材料层合板的单层厚度很小，在结构分析中通常将单层看作二维弹性变形问题，即假定每个铺层为平面应力状态。

在平面应力状态下，将与层合板厚度方向有关的量看作 0，则有

$$\sigma_3 = \tau_{23} = \tau_{31} = 0 \tag{7-32}$$

又有 $S_{16} = S_{26} = 0$，则其应力-应变关系式为

$$\begin{bmatrix} \varepsilon_1 \\ \varepsilon_2 \\ \gamma_{12} \end{bmatrix} = \begin{bmatrix} S_{11} & S_{12} & 0 \\ S_{12} & S_{22} & 0 \\ 0 & 0 & S_{66} \end{bmatrix} \begin{bmatrix} \sigma_1 \\ \sigma_2 \\ \tau_{12} \end{bmatrix} = \begin{bmatrix} \dfrac{1}{E_1} & -\dfrac{v_{12}}{E_1} & 0 \\ -\dfrac{v_{21}}{E_2} & \dfrac{1}{E_2} & 0 \\ 0 & 0 & \dfrac{1}{G_{12}} \end{bmatrix} \begin{bmatrix} \sigma_1 \\ \sigma_2 \\ \tau_{12} \end{bmatrix} \tag{7-33}$$

可知二维主轴柔度矩阵为

$$S = \begin{bmatrix} \dfrac{1}{E_1} & -\dfrac{v_{12}}{E_1} & 0 \\ -\dfrac{v_{21}}{E_2} & \dfrac{1}{E_2} & 0 \\ 0 & 0 & \dfrac{1}{G_{12}} \end{bmatrix} \tag{7-34}$$

将应力-应变关系式(7-33)求逆，得到应变-应力关系式为

$$\begin{bmatrix} \sigma_1 \\ \sigma_2 \\ \tau_{12} \end{bmatrix} = \begin{bmatrix} Q_{11} & Q_{12} & 0 \\ Q_{12} & Q_{22} & 0 \\ 0 & 0 & Q_{66} \end{bmatrix} \begin{bmatrix} \varepsilon_1 \\ \varepsilon_2 \\ \gamma_{12} \end{bmatrix} = \begin{bmatrix} \dfrac{E_1}{1-v_{12}v_{21}} & \dfrac{v_{12}E_2}{1-v_{12}v_{21}} & 0 \\ \dfrac{v_{21}E_1}{1-v_{12}v_{21}} & \dfrac{E_2}{1-v_{12}v_{21}} & 0 \\ 0 & 0 & G_{12} \end{bmatrix} \begin{bmatrix} \varepsilon_1 \\ \varepsilon_2 \\ \gamma_{12} \end{bmatrix} \tag{7-35}$$

可知二维主轴刚度矩阵为

$$Q = \begin{bmatrix} Q_{11} & Q_{12} & 0 \\ Q_{12} & Q_{22} & 0 \\ 0 & 0 & Q_{66} \end{bmatrix} = \begin{bmatrix} \dfrac{E_1}{1-v_{12}v_{21}} & \dfrac{v_{12}E_2}{1-v_{12}v_{21}} & 0 \\ \dfrac{v_{21}E_1}{1-v_{12}v_{21}} & \dfrac{E_2}{1-v_{12}v_{21}} & 0 \\ 0 & 0 & G_{12} \end{bmatrix} \tag{7-36}$$

由式(7-22)可得，在平面应力状态下每个铺层的偏轴刚度矩阵为

$$\bar{Q} = T^{-1}QTR^{-1} = \begin{bmatrix} \bar{Q}_{11} & \bar{Q}_{12} & \bar{Q}_{16} \\ \bar{Q}_{12} & \bar{Q}_{22} & \bar{Q}_{26} \\ \bar{Q}_{16} & \bar{Q}_{26} & \bar{Q}_{66} \end{bmatrix} \quad (7-37)$$

令 $m = \cos\theta, n = \sin\theta$，其中 θ 为铺层的方向角，则由式(7-18)得到应力转换矩阵为

$$T = \begin{bmatrix} m^2 & n^2 & 2mn \\ n^2 & m^2 & -2mn \\ -mn & mn & m^2 - n^2 \end{bmatrix} \quad (7-38)$$

将偏轴刚度矩阵中各元素用矩阵转换式表示为

$$\begin{bmatrix} \bar{Q}_{11} \\ \bar{Q}_{22} \\ \bar{Q}_{12} \\ \bar{Q}_{66} \\ \bar{Q}_{16} \\ \bar{Q}_{26} \end{bmatrix} = \begin{bmatrix} m^4 & n^4 & 2m^2n^2 & 4m^2n^2 \\ n^4 & m^4 & 2m^2n^2 & 4m^2n^2 \\ m^2n^2 & m^2n^2 & m^4 + n^4 & -4m^2n^2 \\ m^2n^2 & m^2n^2 & -2m^2n^2 & (m^2-n^2)^2 \\ m^3n & -mn^3 & mn^3 - m^3n & 2(mn^3 - m^3n) \\ mn^3 & -m^3n & m^3n - mn^3 & 2(m^3n - mn^3) \end{bmatrix} \begin{bmatrix} Q_{11} \\ Q_{22} \\ Q_{12} \\ Q_{66} \end{bmatrix} \quad (7-39)$$

简记为

$$\bar{Q} = PQ \quad (7-40)$$

式中：$\bar{Q}$ 为 6×1 的列阵；P 为 6×4 的转换矩阵；Q 为 4×1 的列阵。

7.4 复合材料层合板的刚度

复合材料层合板可以由不同材料属性的单层板构成，也可以由不同纤维方向但相同材料属性的单层板构成，它们在厚度方向上都呈现客观的非均匀性。这种非均匀性可以引起耦合响应，即面内应力会引起弯曲变形，而弯曲应力会引起面内变形。这种耦合响应使得层合板的力学分析变得复杂。但对于在工程中常用的对称层合板或正交铺层，其拉弯耦合为零，只在一定程度上表现出面内耦合。

7.4.1 经典层合板的基本假设

经典层合板理论采用了弹性板壳理论中的直线法假设，在复合材料力学中比较成熟和实用。尽管层合板由多个单层板粘合而成，但由于单层板的厚度一般是 0.1 mm 的量级，所以层合板总厚度方向的尺寸与其他两个方向相比要小得多，挠度也远小于厚度，整体上可将层合板视为非匀质的各向异性薄板。

经典层合理论在研究层合板的弹性特征时可做如下假设(等应变假设):

(1) 各单层间粘接牢固,不产生滑移,因而变形在层间是连续的;
(2) 各层处于平面应力状态;
(3) 变形前垂直于层合板中面的直线段,变形后仍然为垂直于变形后层合板中面的直线段,且长度不变;
(4) 平行于层合板中面的诸截面上的正应力与其他应力相比很小,可以忽略。

在这种假设基础上建立的层合板理论称为经典层合板理论(CLPT, Classical Laminated Plate Theory),这个理论对于薄的层合平板、层合曲板以及层合壳体都是适用的。

7.4.2 层合板的应力-应变关系

考虑由 N 个任意铺层构成的薄层合板如图 7-4 所示。

取 z 垂直于板面,Oxy 坐标面和中面重合。板中任一点的位移分量为

$$\begin{cases} u = u(x,y,z) \\ v = v(x,y,z) \\ w = w(x,y,z) \end{cases} \quad (7-41)$$

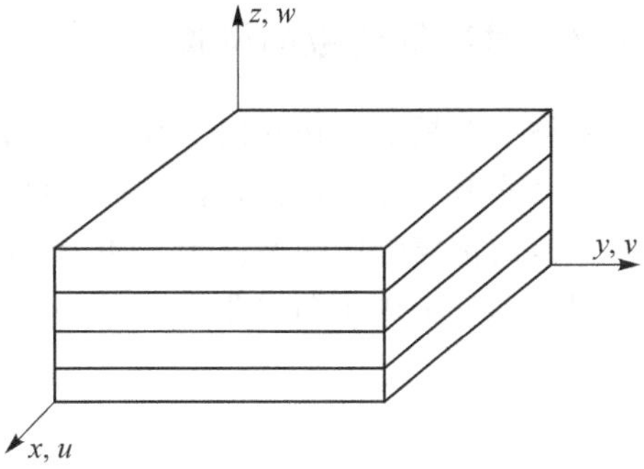

由经典层合板的基本假设可知

$$\begin{cases} \varepsilon_z = \dfrac{\partial w}{\partial z} = 0 \\ \gamma_{zx} = \dfrac{\partial u}{\partial z} + \dfrac{\partial w}{\partial x} = 0 \\ \gamma_{zy} = \dfrac{\partial v}{\partial z} + \dfrac{\partial w}{\partial y} = 0 \end{cases} \quad (7-42)$$

图 7-4 层合板示意图

将式(7-41)对 z 积分得

$$\begin{cases} u = u_0(x,y) - z\dfrac{\partial w(x,y)}{\partial x} \\ v = v_0(x,y) - z\dfrac{\partial w(x,y)}{\partial y} \\ w = w_0(x,y) \end{cases} \quad (7-43)$$

式中:u,v 和 w 为中面的位移分量,并且是坐标 x,y 的函数,其中 w 称为挠度函数。

将式 7-33 代入到应变协调方程中得

$$\begin{bmatrix} \varepsilon_x \\ \varepsilon_y \\ \gamma_{xy} \end{bmatrix} = \begin{bmatrix} \varepsilon_x^0 \\ \varepsilon_y^0 \\ \gamma_{xy}^0 \end{bmatrix} = Z \begin{bmatrix} k_x^0 \\ k_y^0 \\ k_{xy}^0 \end{bmatrix} \quad (7-44)$$

式中:

$$\begin{bmatrix} \varepsilon_x^0 \\ \varepsilon_y^0 \\ \gamma_{xy}^0 \end{bmatrix} = \begin{bmatrix} \dfrac{\partial u_0}{\partial x} \\ \dfrac{\partial v_0}{\partial y} \\ \dfrac{\partial u_0}{\partial y} + \dfrac{\partial v_0}{\partial x} \end{bmatrix}, \quad \begin{bmatrix} k_x^0 \\ k_y^0 \\ k_{xy}^0 \end{bmatrix} = \begin{bmatrix} \dfrac{\partial^2 w_0}{\partial x^2} \\ \dfrac{\partial^2 w_0}{\partial y^2} \\ 2\dfrac{\partial^2 w_0}{\partial xy} \end{bmatrix} \quad (7-45)$$

则将沿厚度变化的应变方程式(7-44)代入应力-应变关系式中,可以得到用层合板中面用应变和曲率表达的第 k 层的应力为

$$\begin{bmatrix} \sigma_x \\ \sigma_y \\ \tau_{xy} \end{bmatrix}_k = \begin{bmatrix} \bar{Q}_{11} & \bar{Q}_{12} & \bar{Q}_{16} \\ \bar{Q}_{12} & \bar{Q}_{22} & \bar{Q}_{26} \\ \bar{Q}_{16} & \bar{Q}_{26} & \bar{Q}_{66} \end{bmatrix}_k \left(\begin{bmatrix} \varepsilon_x^0 \\ \varepsilon_y^0 \\ \gamma_{xy}^0 \end{bmatrix} + Z \begin{bmatrix} k_x^0 \\ k_y^0 \\ k_{xy}^0 \end{bmatrix} \right) \quad (7-46)$$

7.4.3 对称层合板的刚度

对称层合板是指在几何上和材料上都对称于中面的层合板。由于工程中所用的层合板大多是对称的,所以这里主要对对称层合板的特性进行分析。

假定对称层合板的厚度为 h,单个铺层的厚度为 t,总共有 $2n$ 铺层。在受到面内应力时并不发生弯曲和扭曲的耦合,因此第 k 层的应力列阵为

$$\begin{bmatrix} \sigma_x \\ \sigma_y \\ \tau_{xy} \end{bmatrix}_k = \begin{bmatrix} \bar{Q}_{11} & \bar{Q}_{12} & \bar{Q}_{16} \\ \bar{Q}_{12} & \bar{Q}_{22} & \bar{Q}_{26} \\ \bar{Q}_{16} & \bar{Q}_{26} & \bar{Q}_{66} \end{bmatrix}_k \begin{bmatrix} \varepsilon_x^0 \\ \varepsilon_y^0 \\ \gamma_{xy}^0 \end{bmatrix} \quad (7-47)$$

面内的平均应力 $\bar{\sigma}$ 为

$$\begin{Bmatrix} \bar{\sigma}_x \\ \bar{\sigma}_y \\ \bar{\tau}_{xy} \end{Bmatrix} = \bar{C} \begin{bmatrix} \varepsilon_x^0 \\ \varepsilon_y^0 \\ \gamma_{xy}^0 \end{bmatrix} \quad (7-48)$$

式中:$\bar{C}$ 为等效刚度矩阵,其表达式为

$$\bar{C} = \sum_{k=1}^{2n} \bar{Q}_k t_k / h \quad (7-49)$$

式中:$\sum_{k=1}^{2n} t_k = h$,h 为层合板总厚度,t 为第 k 层的厚度。当各铺层的厚度相同时,式(7-49)可表示为

$$\bar{C} = \frac{1}{2n} \sum_{k=1}^{2n} \bar{Q}_k = \frac{1}{n} \sum_{k=1}^{n} \bar{Q}_k \quad (7-50)$$

等效柔度矩阵 $\bar{S}^*$ 可以表示为

$$\bar{\boldsymbol{S}}^* = \bar{\boldsymbol{C}}^{*-1} = \begin{bmatrix} \bar{S}_{11}^* & \bar{S}_{12}^* & \bar{S}_{16}^* \\ \bar{S}_{21}^* & \bar{S}_{22}^* & \bar{S}_{26}^* \\ \bar{S}_{61}^* & \bar{S}_{62}^* & \bar{S}_{66}^* \end{bmatrix} \tag{7-51}$$

当层合板为单向板时,$\bar{S}_{ij}^* = \bar{S}_{ij}$,即等效柔度系数就是单层板的柔度系数。对于对称层合板,中面的正则化柔度系数存在对称关系,即 $\bar{S}_{12}^* = \bar{S}_{21}^*$、$\bar{S}_{16}^* = \bar{S}_{61}^*$ 和 $\bar{S}_{26}^* = \bar{S}_{62}^*$。这样就可以得到类似于铺层工程弹性常数的对称层合板工程等效弹性常数与等效柔度系数之间的关系式为

$$\begin{cases} E_x = \dfrac{1}{\bar{S}_{11}^*}, \quad E_y = \dfrac{1}{\bar{S}_{22}^*}, \quad G_{xy} = \dfrac{1}{\bar{S}_{66}^*} \\ v_{xy} = -\dfrac{\bar{S}_{12}^*}{\bar{S}_{11}^*}, \quad v_{xy} = -\dfrac{\bar{S}_{21}^*}{\bar{S}_{22}^*}, \quad v_{xy} = -\dfrac{\bar{S}_{61}^*}{\bar{S}_{11}^*} \\ \eta_{xy,y} = -\dfrac{\bar{S}_{62}^*}{\bar{S}_{22}^*}, \quad \eta_{x,xy} = -\dfrac{\bar{S}_{16}^*}{\bar{S}_{66}^*}, \quad \eta_{y,xy} = -\dfrac{\bar{S}_{26}^*}{\bar{S}_{66}^*} \end{cases} \tag{7-52}$$

7.4.4 二维均衡层合板的刚度

二维均衡层合板是指 $-\theta$ 和 $+\theta$ 铺层数相同的层合板。在这种情况下,由于耦合子元 $\bar{Q}_{16}$ 和 $\bar{Q}_{26}$ 是关于 θ 的奇函数,所以不存在拉剪耦合。工程中复合材料螺栓、铆钉连接件等大多采用均衡层合板。

在二维均衡层合板中,等效刚度系数 $\bar{C}_{16} = \bar{C}_{61} = 0$,$\bar{C}_{26} = \bar{C}_{62} = 0$,也就是 $\bar{S}_{16}^* = \bar{S}_{61}^* = 0$,$\bar{S}_{62}^* = \bar{S}_{26}^* = 0$。

二维均衡层合板的等效柔度矩阵可表示为

$$\bar{\boldsymbol{S}}^* = \begin{bmatrix} \bar{S}_{11}^* & \bar{S}_{12}^* & 0 \\ \bar{S}_{21}^* & \bar{S}_{22}^* & 0 \\ 0 & 0 & \bar{S}_{66}^* \end{bmatrix} = \begin{bmatrix} \dfrac{1}{E_x} & -\dfrac{\nu_{yx}}{E_y} & 0 \\ -\dfrac{\nu_{xy}}{E_x} & \dfrac{1}{E_y} & 0 \\ 0 & 0 & \dfrac{1}{G_{xy}} \end{bmatrix} \tag{7-53}$$

简记为

$$\bar{\boldsymbol{S}}^* = \begin{bmatrix} \dfrac{1}{E_x} & -\dfrac{\nu_{yx}}{E_y} & 0 \\ -\dfrac{\nu_{xy}}{E_x} & \dfrac{1}{E_y} & 0 \\ 0 & 0 & \dfrac{1}{G_{xy}} \end{bmatrix} \tag{7-54}$$

所以对称层合板的二维等效弹性常数可以表示为

$$E_x = \frac{1}{\bar{S}_{11}^*}, \quad E_y = \frac{1}{\bar{S}_{22}^*}, \quad E_x = \frac{S_{12}^*}{\bar{S}_{11}^*}, \quad E_x = \frac{1}{\bar{S}_{66}^*} \tag{7-55}$$

7.4.5 三维均衡层合板的刚度

在工程中最常用的是均衡层合板,所以本小节仅讨论均衡层合板三维等效模量的计算方法。对于非均衡层合板来说,计算方法相同,但计算量较大。

三维均衡层合板等效弹性模量的计算考虑了厚度方向的应力、应变以及弹性模量。假设层合板的各个铺层均是正交各向异性体,总共有 n 层,每层厚度为 t,且 $-\theta$ 与 $+\theta$ 在层合板中的体积比例相同。

正交各向异性的每个铺层的正轴刚度矩阵为

$$\boldsymbol{Q} = \begin{bmatrix} Q_{11} & Q_{12} & Q_{13} & 0 & 0 & 0 \\ Q_{12} & Q_{22} & Q_{23} & 0 & 0 & 0 \\ Q_{13} & Q_{23} & Q_{33} & 0 & 0 & 0 \\ 0 & 0 & 0 & Q_{44} & 0 & 0 \\ 0 & 0 & 0 & 0 & Q_{55} & 0 \\ 0 & 0 & 0 & 0 & 0 & Q_{66} \end{bmatrix} \tag{7-56}$$

转换到整体坐标系下的刚度矩阵为

$$\bar{\boldsymbol{Q}}_k = \begin{bmatrix} \bar{Q}_{11} & \bar{Q}_{12} & \bar{Q}_{13} & 0 & 0 & 0 \\ \bar{Q}_{12} & \bar{Q}_{22} & \bar{Q}_{23} & 0 & 0 & 0 \\ \bar{Q}_{13} & \bar{Q}_{23} & \bar{Q}_{33} & 0 & 0 & 0 \\ 0 & 0 & 0 & \bar{Q}_{44} & 0 & 0 \\ 0 & 0 & 0 & 0 & \bar{Q}_{55} & 0 \\ 0 & 0 & 0 & 0 & 0 & \bar{Q}_{66} \end{bmatrix} \tag{7-57}$$

则层合板的等效弹性模量 $\bar{C}$ 为

$$\bar{C} = \sum_{k=1}^{n} \bar{Q}_k t_k / h \tag{7-58}$$

等效弹性模量 $\bar{C}$ 可写成如下形式

$$\bar{\boldsymbol{C}}_k = \begin{bmatrix} \bar{C}_{11} & \bar{C}_{12} & \bar{C}_{13} & 0 & 0 & 0 \\ \bar{C}_{12} & \bar{C}_{22} & \bar{C}_{23} & 0 & 0 & 0 \\ \bar{C}_{13} & \bar{C}_{23} & \bar{C}_{33} & 0 & 0 & 0 \\ 0 & 0 & 0 & \bar{C}_{44} & 0 & 0 \\ 0 & 0 & 0 & 0 & \bar{C}_{55} & 0 \\ 0 & 0 & 0 & 0 & 0 & \bar{C}_{66} \end{bmatrix} \quad (7-59)$$

前面已经由应变能密度函数得到 $\bar{C}$ 为对称矩阵,即 $\bar{C}_{ij} = \bar{C}_{ji}$。在这里此理论仍然适用。由于 $\bar{Q}_{16}, \bar{Q}_{26}, \bar{Q}_{36}$ 和 $\bar{Q}_{45}$ 均是铺层角的奇函数,所以在均衡层合板中它们的和为零,即 $\bar{C}_{16} = \bar{C}_{26} = \bar{C}_{36} = C_{45} = 0$。则三维均衡层合板的等效刚度矩阵可简化为

$$\bar{\boldsymbol{C}} = \begin{bmatrix} \bar{C}_{11} & \bar{C}_{12} & \bar{C}_{13} & 0 & 0 & 0 \\ \bar{C}_{12} & \bar{C}_{22} & \bar{C}_{23} & 0 & 0 & 0 \\ \bar{C}_{13} & \bar{C}_{23} & \bar{C}_{33} & 0 & 0 & 0 \\ 0 & 0 & 0 & \bar{C}_{44} & 0 & 0 \\ 0 & 0 & 0 & 0 & \bar{C}_{55} & 0 \\ 0 & 0 & 0 & 0 & 0 & \bar{C}_{66} \end{bmatrix} \quad (7-60)$$

用等效弹性模量表示层合板的平均应力-平均应变本构方程为

$$\begin{bmatrix} \bar{\sigma}_x \\ \bar{\sigma}_y \\ \bar{\sigma}_z \\ \bar{\sigma}_{yz} \\ \bar{\sigma}_{xz} \\ \bar{\sigma}_{xy} \end{bmatrix} = \bar{\boldsymbol{C}} \begin{bmatrix} \bar{\varepsilon}_x \\ \bar{\varepsilon}_y \\ \bar{\varepsilon}_z \\ \bar{\gamma}_{yz} \\ \bar{\gamma}_{xz} \\ \bar{\gamma}_{xy} \end{bmatrix} \quad (7-61)$$

将式(7-60)求逆,可以得到层合板的等效柔度矩阵 $\bar{\boldsymbol{S}}^*$:

$$\bar{\boldsymbol{S}}^* = \bar{\boldsymbol{C}}^{-1} = \begin{bmatrix} \bar{S}_{11}^* & \bar{S}_{12}^* & \bar{S}_{13}^* & 0 & 0 & 0 \\ \bar{S}_{12}^* & \bar{S}_{22}^* & \bar{S}_{23}^* & 0 & 0 & 0 \\ \bar{S}_{13}^* & \bar{S}_{23}^* & \bar{S}_{33}^* & 0 & 0 & 0 \\ 0 & 0 & 0 & \bar{S}_{44}^* & 0 & 0 \\ 0 & 0 & 0 & 0 & \bar{S}_{55}^* & 0 \\ 0 & 0 & 0 & 0 & 0 & \bar{S}_{66}^* \end{bmatrix} \quad (7-62)$$

则层合板的平均应变-平均应力关系为

$$\begin{bmatrix} \bar{\varepsilon}_x \\ \bar{\varepsilon}_y \\ \bar{\varepsilon}_z \\ \bar{\gamma}_{yz} \\ \bar{\gamma}_{xz} \\ \bar{\gamma}_{xy} \end{bmatrix} = \bar{\boldsymbol{S}}^* \begin{bmatrix} \bar{\sigma}_x \\ \bar{\sigma}_y \\ \bar{\sigma}_z \\ \bar{\sigma}_{yz} \\ \bar{\sigma}_{xz} \\ \bar{\sigma}_{xy} \end{bmatrix} \quad (7-63)$$

等效工程弹性常数与等效柔度系数的关系为

$$\bar{\boldsymbol{S}}^* = \begin{bmatrix} \dfrac{1}{E_x} & -\dfrac{v_{yx}}{E_y} & -\dfrac{v_{zx}}{E_z} & & & \\ -\dfrac{v_{yx}}{E_x} & \dfrac{1}{E_y} & -\dfrac{v_{yz}}{E_y} & & & \\ -\dfrac{v_{xz}}{E_x} & -\dfrac{v_{yz}}{E_y} & \dfrac{1}{E_z} & & & \\ & & & \dfrac{1}{G_{yz}} & & \\ & & & & \dfrac{1}{G_{xz}} & \\ & & & & & \dfrac{1}{G_{xy}} \end{bmatrix} \quad (7-64)$$

即

$$\begin{cases} E_x = \dfrac{1}{\bar{S}_{11}^*}, & E_y = \dfrac{1}{\bar{S}_{22}^*}, & E_z = \dfrac{1}{\bar{S}_{33}^*} \\ G_{yz} = \dfrac{1}{\bar{S}_{44}^*}, & E_y = \dfrac{1}{\bar{S}_{55}^*}, & E_z = \dfrac{1}{\bar{S}_{66}^*} \\ \nu_{xy} = -\dfrac{\bar{S}_{12}^*}{\bar{S}_{11}^*}, & \nu_{yz} = -\dfrac{\bar{S}_{23}^*}{\bar{S}_{22}^*}, & \nu_{xz} = \dfrac{\bar{S}_{13}^*}{\bar{S}_{11}^*} \end{cases} \qquad (7-65)$$

当已知单层板的基本弹性性能参数以及层合板的铺层顺序和铺层厚度时,可以根据式(7-58)、式(7-62)和式(7-65)得到均衡层合板的等效工程常数。

7.5 复合材料层合板的强度估算

由于复合材料是多相的复合体,复合材料层合板的强度问题是很复杂的。层合板遭到的破坏首先发生在最弱的单层,然后在其周围扩展,最终达到整体被破坏,这是一个复杂的演变过程。复合材料层合板的强度主要涉及强度指标和失效判据,它们用来预测材料破坏的发生。

7.5.1 单层板的强度

单层板是层合板的基本单位,研究层合板的强度估算必须先研究单层板的强度。众所周知,各向同性材料的强度与方向无关;但复合材料在外力的作用下,主应力或主应变方向不一定恰好对应于该材料的主轴方向上的强度性能。这是因为各向异性单层板的基本强度性能具有方向性,即沿纤维方向的拉伸强度可能要比横向拉伸强度高出十几倍。因此各向同性材料的主应力和主应变的概念已不再适用于复合材料,而应被复合材料主轴应力所取代。

对于正交各向异性的单层板,若其在主轴方向上承受单向应力,其强度可以通过试验估算;若在板平面内具有复杂应力状态,就不能全凭试验估算强度了。即使单层板承受单轴应力,该应力也不一定恰好作用在主轴方向上。必须将偏轴上的应力转换到主轴方向上,然后才能研究它的强度。因此,单层板的宏观强度理论就是试图用主轴方向的基本强度来预测单层板受力状态下的强度。单层板的强度理论和失效判据要比各向同性材料复杂得多。

正交各向异性材料在主轴方向上拉、压强度不一样,在主轴方向上的剪应力无论是正还是负均具有相同的剪切强度。在偏轴方向的应力状态中,正剪和负剪在纤维方向上产生相反的应力。对于正剪,沿纤维方向有拉伸应力而垂直于纤维方向有压缩应力;对于负剪,沿纤维方向有压缩应力而垂直于纤维方向有拉伸应力。正剪比负剪的强度要高得多,因此确定剪切的方向是很关键的。

对于复合材料强度的估算,需要引进如下 5 个强度指标:

X_t——纵向拉伸强度;

X_c——纵向压缩强度;

Y_t——基体拉伸强度;

Y_c——基体压缩强度;

S——面内剪切强度。

单层板的 4 个工程弹性常数 E_1、E_2、G_{12}、ν_{12} 和上述 5 个基本强度,统称为复合材料的工程常数。

单层板的二维强度失效判据有很多,但应用广泛且与试验结合得较好的主要有以下 4 个:

1. 最大应力失效判据

该判据认为,无论材料处于怎样的应力状态,当单层板正轴向的任意一个应力分量达到相应的极限应力时,材料就失效或发生破坏。强度失效判据式可表达为(括号代表主应力方向)

$$\begin{cases} X_c < \sigma_L(\sigma_1) < X_t \\ Y_c < \sigma_L(\sigma_2) < Y_t \\ \tau_{LT}(\tau_{12}) < S \end{cases} \tag{7-66}$$

2. 最大应变失效判据

该判据认为,无论材料处于怎样的应力状态,当单层板正轴向的任意一个应变分量达到相应的极限应变时,材料就失效或发生破坏。强度失效判据式可表达为(括号代表主应力方向)

$$\begin{cases} \varepsilon_{xc} < \varepsilon_L(\varepsilon_1) < \varepsilon_{xt} \\ \varepsilon_c < \varepsilon_T(\varepsilon_2) < \varepsilon_{yt} \\ \gamma_{LT}(\gamma_{12}) < \gamma \end{cases} \tag{7-67}$$

3. 蔡-希尔(Tsai-Hill)失效判据

该失效判据是由各向同性材料的应变能理论改变推广而来。强度失效判据可以表达为

$$\left(\frac{\sigma_1}{X}\right)^2 + \left(\frac{\sigma_2}{X}\right)^2 - \frac{\sigma_1\sigma_2}{X^2} + \left(\frac{\tau_{12}}{S}\right)^2 = 1 \tag{7-68}$$

4. 蔡-胡(Tsai-Wu)张量失效判据

为了改善蔡-希尔失效判据的不足,应尽量在失效判据中包含各种可能的强度指标,以增加失效理论曲线与试验曲线之间的拟合程度,蔡-胡提出了用张量多项式表达的各向异性材料的强度理论。

二维应力状态的失效判据可以表达为

$$F_i\sigma_i + F_{ij}\sigma_i\sigma_j = 1 \quad (i,j=1,2,6) \tag{7-69}$$

正交各向异性单层板的失效判据可以表达为

$$F_{11}\sigma_1^2 + 2F_{12}\sigma_1\sigma_2 + F_{22}\sigma_2^2 + F_{66}\sigma_6^2 + F_1\sigma_1 + F_2\sigma_2 = 1 \tag{7-70}$$

式中：F_{11}、F_{22}、F_6、F_1 和 F_2 可以通过单轴试验直接确定，但 F_{12} 一般需要通过双轴试验确定。

7.5.2 层合板的强度

层合板的强度估算是以单层板的强度特性为基础的。层合板在外载荷的作用下，其破坏将由某一单层失效开始，随后其他层相继发生失效直到总体破坏，层合板载荷-位移曲线如图 7-5 所示。层合板的整个破坏过程是一个从单层破坏到总体破坏的过程，存在最先一层的失效载荷和最终破坏的极限载荷。

对层合板强度的预估步骤如下：确定单层板的强度判据；确定最先一层的失效载荷；修正层合板刚度；确定层合板的极限载荷。可以通过以下方法实现：

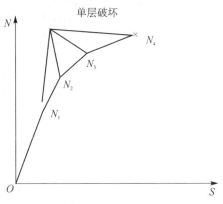

图 7-5 层合板载荷-位移曲线

1. 确定单层板的强度判据

层合板强度估算所使用的单层板强度判据，可以根据经验公式确定。

2. 确定最先一层的失效载荷

最先一层的失效载荷是指层合板在载荷作用下，最先出现强度比 $R=1$ 的失效层所对应的载荷。

3. 修正层合板刚度

就层合板发生最先一层失效后如何对层合板刚度进行修正，现提出以下几种方案：

（1）消层模型。层合板中 $R=1$ 的失效单层，其刚度应为零，即

$$\bar{\boldsymbol{Q}}_{(R=1)} = \boldsymbol{0} \tag{7-71}$$

（2）纤维继续承载模型。层合板中 $R=1$ 的失效单层通常首先发生纵向开裂，变成一束束的纤维，仅能承受沿纤维方向的载荷，此时其刚度矩阵中仅 $\bar{Q}_{11} \neq 0$，即

$$\bar{\boldsymbol{Q}}_{(R=1)} = \begin{bmatrix} \bar{Q}_{11} & 0 & 0 \\ 0 & 0 & 0 \\ 0 & 0 & 0 \end{bmatrix} \tag{7-72}$$

（3）剪切失效模型。层合板中 $R=1$ 的失效单层仅发生剪切失效，即剪切刚度 $Q_{66}=0$ 和拉-剪耦合刚度 Q_{16} 和 Q_{26} 为零，即

$$\bar{\boldsymbol{Q}}_{(R=1)} = \begin{bmatrix} Q_{11} & Q_{12} & 0 \\ Q_{21} & Q_{22} & 0 \\ 0 & 0 & 0 \end{bmatrix} \tag{7-73}$$

4. 确定层合板的极限载荷

层合板从单层失效到整体破坏的分析框图如图 7-6 所示,极限载荷或承载能力的确定是一个逐次迭代计算的结果。

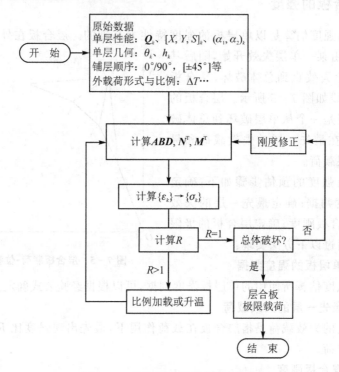

图 7-6 层合板极限载荷分析框图

7.5.3 有限元分析中常用的层合板失效判据

随着有限元软件的不断开发和应用,相继出现了一些在有限元中应用的复合材料层合板失效判定方法。

1. 二维分析

在 ABAQUS 有限元软件中加入 USDFLD 模块,结合相应的损伤子程序,可以对复合材料层合板的损伤过程进行数值模拟。

对于单层板,剪切本构关系是非线性的,符合如下表达式:

$$\gamma_{12} = \left(\frac{1}{G_{12}^0}\right)\tau_{12} + \alpha\tau_{12}^3 \tag{7-74}$$

为了能够嵌入有限元程序,将上式转换成线性表达形式:

$$\tau_{12}^{(i+1)} = G_{12}\gamma_{12}^{(i+1)} = (1-d)G_{12}^0\gamma_{12}^{(i+1)} \tag{7-75}$$

$$d = \frac{3\alpha G_{12}^0(\tau_{12}^{(i)})^2 - 2\alpha(\tau_{12}^{(i)})^2/\gamma_{12}^{(i)}}{1+3\alpha G_{12}^0(\tau_{12}^{(i)})^2} \tag{7-76}$$

式中：γ_{12} 为剪应变；τ_{12} 为剪应力；G_{12}^0 为初始时的剪切模量；α 为剪切非线性系数；d 为损伤变量。随着载荷的增大，剪切模量将逐渐线性减小。

(1) 失效判据

由于 Hashin 失效判据为显式表达式，所以在程序中比较容易实现。当考虑剪切非线性效应时，$\alpha \neq 0$；忽略剪切非线性效应时，$\alpha = 0$。具体的失效判据表达如下：

基体拉伸失效$(\sigma_2 \geqslant 0)$：$e_m^2 = \left(\dfrac{\sigma_2}{Y_t}\right)^2 + \dfrac{2\tau_{12}^2/G_{12}^0 + 3\alpha\tau_{12}^4}{2S_c^2/G_{12}^0 + 3\alpha S_{12}^4}$；

基体压缩失效$(\sigma_2 \leqslant 0)$：$e_m^2 = \left(\dfrac{\sigma_2}{Y_t}\right)^2 + \dfrac{2\tau_{12}^2/G_{12}^0 + 3\alpha\tau_{12}^4}{2S_c^2/G_{12}^0 + 3\alpha S_{12}^4}$；

纤维拉伸失效$(\sigma_1 \geqslant 0)$：$e_f^2 = \left(\dfrac{\sigma_1}{Y_t}\right)^2 + \dfrac{2\tau_{12}^2/G_{12}^0 + 3\alpha\tau_{12}^4}{2S_c^2/G_{12}^0 + 3\alpha S_{12}^4}$；

纤维压缩失效$(\sigma_1 \leqslant 0)$：$e_f^2 = \left(\dfrac{\sigma_1}{X_c}\right)^2$；

纤基剪切失效$(\sigma_1 \leqslant 0)$：$e_{fm}^2 = \left(\dfrac{\sigma_1}{X_c}\right)^2 + \dfrac{2\tau_{12}^2/G_{12}^0 + 3\alpha\tau_{12}^4}{2S_c^2/G_{12}^0 + 3\alpha S_{12}^4}$。

(2) 刚度降失效方法

在计算过程中，当材料积分点的应力满足上述失效准则之一时，根据刚度降低规则，降低该积分点的相应刚度，如当 $\sigma_2 \geqslant 0$ 和 $e_m^2 \geqslant 1$ 时，$E_{22} \to 0$ 和 $\nu_{12} \to 0$，而 E_{11}、G_{12}、G_{13} 和 G_{23} 不变，相应的刚度降低方法如表 7-2 所列。计算时随着载荷的增加，部分单元不断扭曲变形，致使单元不能再承受任何载荷。当载荷足够大时，计算程序将自动终止，此时在载荷-位移曲线上可以看到载荷已经开始下降，由此可以预测结构的破坏载荷和失效方式。

表 7-2 依赖于失效状态的材料刚度系数

初始无损状态	基体失效	纤基剪切失效	纤维失效
E_{11}	E_{11}	E_{11}	$E_{11} \to 0$
E_{22}	$E_{22} \to 0$	E_{22}	E_{22}
ν_{12}	$\nu_{12} \to 0$	$\nu_{12} \to 0$	$\nu_{12} \to 0$
G_{12}	G_{12}	$G_{12} \to 0$	G_{12}
G_{13}	G_{13}	G_{13}	G_{13}
G_{23}	G_{23}	G_{23}	G_{23}
FV1=0	FV1=1	FV1=0	FV1=0
FV2=0	FV2=0	FV2=1	FV2=0
FV3=0	FV3=0	FV3=0	FV3=1

注：FV1、FV2、FV3 三种状态的任意组合总共有 8 种状态。

对于刚度退化模型，许多学者已经做了大量的研究工作，但大多都停留在刚度退化系数的选取上,没有考虑累积损伤对刚度的影响。试验和数值模拟研究表明,纤维压缩失效的刚度退化系数与纤维/基体的材质、基体的状态以及纤维的体积分数等有很大关系。一般来说,不同材料、不同铺层角度、不同铺层顺序和不同连接方式的层合板的刚度退化系数是不一样的。在实际应用中,一般要通过试验确定该种复合材料的刚度降低系数,从而可以提高材料的利用效率和结构的安全性。通常复合材料的刚度降低系数大致范围为

$$E_{11} \in (0.01 \sim 0.07)E_{11}, \quad E_{22} \in (0.2 \sim 0.3)E_{22}, \quad G_{12} \in (0.2 \sim 0.3)G_{12}$$

在要求不高的情况下,可以根据上面的取值范围选择适当的刚度降低系数。最简单的做法是将其刚度降低系数全部取 0,如此得到的强度值偏于保守。在精度要求较高的情况下,材料的刚度降低系数要根据试验准确测量。

(3) 计算流程

为实现上述失效判断及相应的刚度退化,可以采用 ABAQUS 有限元软件 USDFLD 用户程序接口将材料失效及刚度退化程序加入到有限元程序中,模拟材料逐步失效过程,如图 7-7 所示。

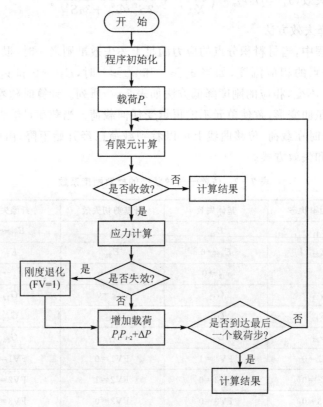

图 7-7 模拟材料逐步失效的程序流程图

2. 三维分析

由于二维失效判据没有考虑层合板层间应力的影响，计算结果偏于保守。三维累积损伤理论考虑了层合板 6 个方向的应力、应变和层合板的分层失效，所以计算结果更为可靠。

（1）失效判据

复合材料层合板在拉伸载荷作用下存在不同失效模式，主要包括 Hashin 准则、最大应力准则和混合准则，如表 7 - 3～表 7 - 5 所列。

表中，下标 1 表示纤维方向，2 表示横向方向，3 表示厚度方向（见图 7 - 3），X_t 和 X_c 表示纵向拉伸强度和压缩强度；Y_t 和 Y_c 表示基体拉伸强度和压缩强度；S_{12}、S_{13} 和 S_{23} 分别表示单个铺层面内剪切强度和横向剪切强度。

表 7 - 3 Hashin 准则

失效模式	失效准则
分层破坏（$\sigma_{33} > 0$）	$\left(\dfrac{\sigma_{33}}{Z_t}\right)^2 + \left(\dfrac{\sigma_{13}}{S_{13}}\right)^2 + \left(\dfrac{\tau_{23}}{S_{23}}\right)^2 = 1$
分层破坏（$\sigma_{33} < 0$）	$\left(\dfrac{\tau_{13}}{S_{13}}\right)^2 + \left(\dfrac{\tau_{23}}{S_{23}}\right)^2 = 1$
基体拉伸破坏（$\sigma_{22} + \sigma_{33} \geqslant 0$）	$\left(\dfrac{\sigma_{22}+\sigma_{33}}{Y_t}\right) + \left(\dfrac{1}{S_{23}^2}\right)(\tau_{23}^2 - \sigma_{22}\sigma_{33}) + \left(\dfrac{\tau_{12}}{S_{12}}\right)^2 + \left(\dfrac{\tau_{13}}{S_{13}}\right)^2 \geqslant 1$
基体压缩破坏（$\sigma_{22} + \sigma_{33} < 0$）	$\dfrac{1}{Y_c}\left(\dfrac{Y_c}{2S^{12}} - 1\right)(\sigma_{22} + \sigma_{33}) + \left(\dfrac{\sigma_{22}+\sigma_{33}}{2S_{12}}\right)^2 + \dfrac{1}{S_{23}^2}(\tau_{23}^2 - \sigma_{22}\sigma_{33}) + \left(\dfrac{\tau_{12}}{S_{12}}\right)^2 + \left(\dfrac{\tau_{13}}{S_{13}}\right)^2 \geqslant 1$
纤维拉伸破坏（$\sigma_1 \geqslant 0$）	$\left(\dfrac{\sigma_{11}}{X_t}\right)^2 + \left(\dfrac{\tau_{12}}{S_{12}}\right)^2 + \left(\dfrac{\tau_{13}}{S_{13}}\right)^2 = 1$
纤维屈曲破坏（$\sigma_1 \leqslant 0$）	$\dfrac{\sigma_1}{X_c} \geqslant 1$

表 7 - 4 最大应力准则

失效模式	失效准则
基体拉伸破坏（$\sigma_{22} \geqslant 0$）	$\left(\dfrac{\sigma_{22}}{Y_t}\right) \geqslant 1$
基体压缩破坏（$\sigma_{22} < 0$）	$\left(\dfrac{\sigma_{22}}{Y_c}\right) \geqslant 1$
纤维拉伸破坏（$\sigma_1 \geqslant 0$）	$\left(\dfrac{\sigma_1}{X_t}\right) \geqslant 1$
纤维屈曲破坏（$\sigma_1 \leqslant 0$）	$\dfrac{\sigma_1}{X_c} \geqslant 1$

表 7-5 混合准则(最大应力准则和 Hashin 准则的混合准则)

失效模式	失效准则
分层破坏($\sigma_{33}>0$)	$\left(\dfrac{\sigma_{33}}{Z_t}\right)^2+\left(\dfrac{\sigma_{13}}{S_{13}}\right)^2+\left(\dfrac{\sigma_{23}}{S_{23}}\right)^2\geqslant 1$
分层破坏($\sigma_{33}<0$)	$\left(\dfrac{\tau_{13}}{S_{13}}\right)^2+\left(\dfrac{\tau_{23}}{S_{23}}\right)^2\geqslant 1$
基体拉伸破坏($\sigma_{22}+\sigma_{33}\geqslant 0$)	$\left(\dfrac{\sigma_{22}+\sigma_{33}}{Y_t}\right)+\left(\dfrac{1}{S_{23}^2}\right)(\tau_{23}^2-\sigma_{22}\sigma_{33})+\left(\dfrac{\tau_{12}}{S_{12}}\right)^2+\left(\dfrac{\tau_{13}}{S_{13}}\right)^2\geqslant 1$
基体压缩破坏($\sigma_{22}+\sigma_{33}<0$)	$\dfrac{1}{Y_c}\left[\dfrac{Y_c}{2S_{12}}-1\right](\sigma_{22}+\sigma_{33})+\left(\dfrac{\sigma_{22}+\sigma_{33}}{2S_{12}}\right)^2+$ $\dfrac{1}{S_{23}^2}(\tau_{23}^2-\sigma_{22}\sigma_{33})+\left(\dfrac{\tau_{12}}{S_{12}}\right)^2+\left(\dfrac{\tau_{13}}{S_{13}}\right)^2\geqslant 1$
纤维拉伸破坏($\sigma_1\geqslant 0$)	$\dfrac{\sigma_1}{X_t}=1$
纤维屈曲破坏($\sigma_1\leqslant 0$)	$\dfrac{\sigma_1}{X_c}\geqslant 1$

(2) 刚度降低失效方法

在计算过程中,当材料积分点的应力满足某一个失效准则时,该材料积分点失效,则需要降低该材料积分点的相应刚度系数,如表 7-6 所列。

表 7-6 材料性能衰减准则

失效模式	失效准则
分层破坏($\sigma_{33}>0$)	$Q_d=0.2Q(Q=E_{33},G_{13},G_{23},v_{13},v_{23})$
分层破坏($\sigma_{33}<0$)	$Q_d=0.2Q(Q=E_{33},G_{13},G_{23},v_{13},v_{23})$
基体拉伸破坏	$Q_d=0.2Q(Q=E_{22},G_{13},G_{23},v_{13},v_{23})$
基体压缩破坏	$Q_d=0.4Q(Q=E_{22},G_{13},G_{23},v_{13},v_{23})$
纤维拉伸破坏	$Q_d=0.07Q(Q=E_{11},G_{13},G_{23},v_{13},v_{23})$
纤维屈曲破坏	$Q_d=0.14Q(Q=E_{11},G_{13},G_{23},v_{13},v_{23})$

(3) 计算流程

采用 Solid 单元可以对复合材料的损伤形式如纤维断裂、基体开裂和层间开裂等进行模拟,特别是在分层损伤对复合材料最终强度影响比较大的情况下,更有必要在损伤子程序中加入层间开裂判据。

三维损伤的计算方法是采用材料子程序定义实体单元的材料力学行为,在每一载荷增量步更新雅可比矩阵(DDSDDE),并判断材料积分点的损伤状态,从而实现复合材料三维实体单元损伤行为的数值模拟。在有限元计算过程中,随着载荷逐渐增大，扭曲变形单元逐渐增多。当载荷足够大时，计算程序自动终止，不能继续承受载荷，由此可以预测复合材料层合板的破坏载荷和失效模式。具体流程如图7-8所示，对于每一载荷步长采用标准 Newton-Raphson 方法进行逐步迭代。复合材料累积损伤的计算在大型商业软件 ABAQUS 中实现较为方便而且准确，采用 ABAQUS 的 UMAT 或者 USDFLD 材料子程序定义材料的力学行为和损伤扩展过程。

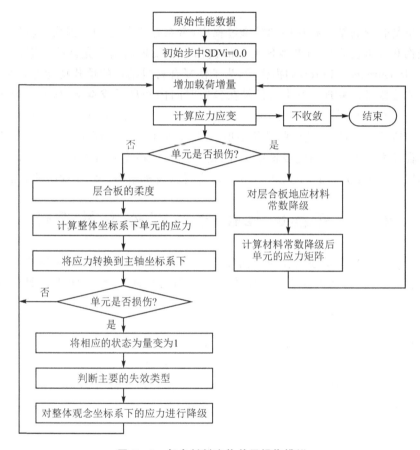

图7-8 复合材料实体单元损伤模拟

第8章 复合材料结构持续适航——检查与修理

飞机复合材料结构在使用和维修过程中,常会遭受低速冲击损伤、离散源损伤、雷击损伤和环境浸入损伤等多种类型的损伤。当发现超出可允许损伤限制(ADL,Allowable Damage Limits)的损伤后,为了使复合材料结构的承载功能得到恢复,必须立刻实施修理。修理的基本目标是在最短时间内和最低成本下,恢复所要求的结构完整性。复合材料结构持续适航应依据 CCAR 25.1529 中"申请人必须根据本部附录 H 编制适航当局可接受的持续适航文件,如果有计划保证在交付第一架飞机之前或者在颁发标准适航前完成这些文件,则这些文件在型号合格审定时可以是不完备的",以及 FAA 颁布的 AC 20-107B《复合材料飞机结构》第 10 章给予的指导。

8.1 可接近性设计与可检查性设计

结构的可维护性是通过在设计阶段确定的检查和维护方案来实现的。这就是说,在进行复合材料结构设计的同时,就需要进行可接近性设计和可检查性设计。

8.1.1 可接近性设计

可接近性是结构设计中考虑检查和修理要求的一个重要方面。结构设计时应当提供充分的接近途径,以便进行适当的检测,并可对损伤结构清除损伤和安装修理构件,以及使用修理工具和胶结设备。有限的接近途径可能会限制修理方法,例如,仅能使用预固化的补片以及使用机械紧固件代替共固化等。如果可能,最好能够从两侧接近损伤结构。

不应该仅仅为了能进行检测而把复合材料结构部件设计成可拆卸的,可能会有一些不可避免进行分解的情况,但应当尽量使分解和拆卸保持最少。

所有复合材料部件的设计都应当保证对其外表面的目视可达性,而无需从飞机上拆卸任何构件。在某些情况下,可能必须拆卸一些整流包皮(例如,水平安定面-机身整流包皮),以接近安定面-机身肋处的连接接头,或梁-中央段的接头。

进行内部检查就意味着要拆下可拆卸构件(例如,检查板或口盖),以达到目视可达性。必须通过梁和肋上面的检查孔,检查具有肋、梁和桁条的扭力盒,以达到完全的目视可达性。检查孔的设计应使得维护技术人员能够通过手电筒和镜子,目视检测所有的内部结构。复合材料结构部件还必须具有对关键连接或固定接头的可接近性,以便拆下这些地方的螺栓,检查螺栓和孔。

8.1.2 可检查性设计

在复合材料结构设计过程中,应当考虑制造商和客户都可能使用的检测方法。

无论对具体的构件选择加筋层合板蒙皮还是夹芯结构形式,每类结构形式都有其可检查性的问题。例如,使用帽形加筋条来加强层合板蒙皮时,虽然从结构的观点这种设计非常有效,但会在蒙皮和加筋条处形成用任何方法都难以检测的两个区域(见图 8-1(a));而双角形加筋条就只有一个难以检测的区域(见图 8-1(b))。帽形加筋条的填角密封和双角形加筋条的压边条,也造成了这些检测困难。这些区域在制造过程中难以检测,由于对内表面的接近受限,飞机营运人在检测时就更加困难了。

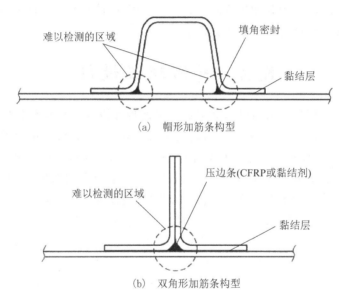

(a) 帽形加筋条构型

(b) 双角形加筋条构型

图 8-1 壁板加筋设计中难以检测的区域

当检测夹芯结构的封闭区域、夹芯结构蜂窝芯子截留的液体、面板和泡沫芯脱胶以及芯子内部损伤时,都存在一些困难。另外,飞机营运人在检测加筋条或框架与夹芯构件内面板的黏结带时也有困难(见图 8-2)。当飞机营运人被迫使用一些带主观性的检测方法(敲击检查方法)时,可能会因其对损伤大小和严重性的认识不足,而使检测存在困难。同时,尽管夹芯结构形式从性能角度看是非常有效的,但这种结构往往是易碎的,容易受到损伤且难以检测。

大多数复合材料结构都含有金属连接件或具有与金属结构连接的界面。应确保能够目视检测这些金属构件的腐蚀和/或疲劳裂纹情况。如果相连接的是铝合金构件,应确保能够检测与碳纤维接触的铝合金可能产生的电化学腐蚀,这是非常重要的。这就需要卸除配合面处的紧固件,因此,在这种情况不应使用盲紧固件。应当尽

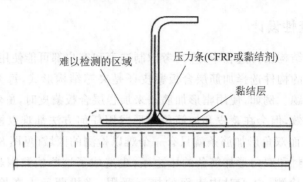

图 8-2 夹芯结构难以检测的区域

量少用钛的盲紧固件,因为如果安装了这类盲紧固件,就几乎不可能检验安装的正确性,当修理或更换构件时也很难将其拆下。

8.2 可修理性设计

在飞机复合材料结构设计中,必须进行可修理性设计。在复合材料结构设计阶段,应同时进行可修理设计,并应作为研发试验计划的一部分,对选取的可修理设计进行试验验证。可修理设计中预期采用的修理方法将影响铺层设计和设计许用值的选取。通常,通过降低设计许用值来考虑厚层合板结构螺接修理。在复合材料修理设计中,应尽量使修理概念和修理材料标准化,以使修理概念和修理方法具有广泛的典型性和代表性。可修理设计应针对比较通用的修理,而不是专门针对特定损伤的修理,因为这样可以对不同等级的损伤进行通用的设计,并建立相应的修理程序。这样做有利于维修单位掌握维修技术和维修程序,降低维修成本。

复合材料结构的可修理性设计应通过对维修实践的调查,反映出航空公司维修人员的要求;并且原始设备制造商(OEM,Original Equipment Manufacture)的技术支持人员、工程人员以及商用飞机复合材料修理委员会(CACRC,Commercial Aircraft Composite Repair Committee)应介入可修理性设计。

受修理条件的限制,修理方法与制造方法可能会存在很大差距。为保证修理具有足够的完整性,在可修理性设计中应考虑到这一点。

8.2.1 层合板的可修理性设计

在修理设计中必须考虑适用于维修环境和条件的维护方法(例如检测和修理)。例如,对于螺栓连接修理,应当考虑在加强件、骨架缘条以及夹层结构的边缘处留有足够的边距,以便安装修理螺栓;蒙皮应当有足够的厚度,以避免使用埋头紧固件修理时出现刀刃现象。应当考虑使用织物的外铺层,以减少在层合板或面板上钻修理螺栓孔时出现纤维断裂。特殊部件上所需的雷电防护系统应当设计成可修理。

某些复合材料结构的细节在重量和费用上是可取的,但难以修理。例如,封闭的帽形加筋条兼有制造不昂贵和最小重量的优点,但损伤检测和固定却成了难点。应当尽量限制盲紧固件的使用,因为在进行修理和固定时拆卸有困难。在需要紧固件的地方,应当首选那些可以拆卸的。当拆卸紧固件进行修理时,因钻除盲紧固件而造成周围结构的损伤是十分常见的,这会导致产生更多的修理费用和停飞时间。设计者应避免在一个构件上使用固化温度不同的材料体系。例如,有时在 177 ℃(350 ℉)下进行蒙皮和加筋条的预固化,然后为了制造方便,用 121 ℃(250 ℉)的胶黏剂进行二次黏结。当在 177 ℃(350 ℉)下进行蒙皮或加筋条修理时,就可能出现问题:胶结面上 121 ℃(250 ℉)胶黏剂的完整性会受到损害而又不显现退化迹象。

在复合材料结构可修理性设计中,必须确定可允许损伤限制(ADL)和临界损伤门槛值(CDT,Critical Damage Threshold),以支持编制结构修理手册和检测程序。ADL 用于对复合材料结构定期检测中迅速确定是否对其进行修理。CDT 应该足够大,但必须保证结构能承受设计限制载荷,以使飞机在检测间隔内能够安全运行。应该根据对剩余强度和检测能力的认识,按照结构的不同位置确定 ADL 和 CDT。

表 8-1 给出了蒙皮/桁条损伤级别的定义。在修理设计中,应当把每一跨看成一个修理单元或积木块。应当针对单元(肋、框、桁条和/或蒙皮)进行修复设计,以便能以较少的付出来处置较大的多跨损伤。这个方法的策略是,在设计过程一开始就考虑处理大范围损伤的修理情况,以减轻维护的负担。

表 8-1 蒙皮/桁条损伤级别

标识	损伤描述	修理
0 级	蒙皮边缘分层或与加筋元件脱胶	用紧固件约束或注入树脂进行修理
1 级	单个结构元件(蒙皮或加筋条)的关键损伤	机械紧固或胶结补片和/或搭接修理
2 级或以上	多处 1 级损伤	与 1 级相同

在复合材料结构设计中,还要考虑以下两方面:

(1) 多重选择——针对已知损伤,为飞机营运人提供多种可能的修理选择。例如,这些选择可能包括临时修理与永久修理,如胶结复合材料补片与螺接复合材料补片或金属补片,或者湿铺层、预浸料铺层以及预固化片铺层修补。飞机营运人的选择将取决于损伤严重程度、可用的修理时间、飞机营运人修理所用的设施和能力、检测/大修的时间表,以及当前的外场环境条件。

(2) 耐久性与重量的折中——由剩余强度分析和试验得出的认识,将最终导致对费用和重量的折中考虑,这会影响所有的直接运行费用(DOC,Direct Operating Cost)。制造费用和结构重量的少量增加,会从损伤容限和耐久性提高导致的维护费用的降低中得到补偿。可能需要做出决策来平衡 ADL 和 CDT。

8.2.2 夹芯结构的可修理性设计

一般采用斜削或阶梯式的补片,对夹芯结构面板进行胶结修理。在修理操纵面和固定的次要结构薄面板时,典型的斜面/阶梯坡度是十分平缓的(例如,20∶1)。然而,在对受载较大区域的夹层结构厚面板进行修理时,采用这种传统的平缓坡度斜面修理方法就要切除大量未损伤的材料,同时需要较大的补片。在这种情况下,可以联合使用斜削补片和外部补片进行修理,以使修理尺寸最小。出于空气动力的考虑或为了防止磨蚀,需要对某些构件进行表面平齐的修理。另外,厚面板需要厚补片,这可能需要特殊的工艺来获得适当的压实。在正常的外场处理中,采用真空压力和加热毯完成修理,补片和胶层的孔隙率是特别要关注的问题。由于芯子所截留水分在汽化时会造成额外损伤,所以最好采用低温固化。另外,周围的结构可能起到散热片的作用,使得用加热毯难以达到较高的温度和进行温度控制,并可能产生热梯度,造成周围结构的翘曲或退化。对于厚的夹层结构,可能需要在结构的两侧使用加热毯,以控制厚度方向的温度。再有,采用较高的温度进行固化一般会使固化的时间缩短,这能缩短受损伤飞机的停场修理时间,提高飞机的利用率。

在设计可修理的夹芯结构时,必须考虑水分浸入的问题。夹芯结构设计必须考虑水分在芯子内的影响,一方面要使得水分的浸入量最少,同时要确定水分的存在对结构性能的确切影响。水分可能通过面板损伤处和构件边缘及端头密封处浸入结构。因此,夹芯结构耐久性设计中必须特别注意水分浸入问题。

8.2.3 波音 B787 型飞机复合材料结构的可修理性设计

波音 B787 型飞机在设计上的大胆创新之一就是机身和机翼基本上采用复合材料结构。该型飞机在复合材料结构的可修理设计上采用以下措施:

(1) 提高机身舱门及周围结构的强度,使其具有较高的强度储备。这些区域的蒙皮非常厚,接近 18 mm(0.7 in),以提高承受冲击损伤的能力(这个区域易受登机梯、货车等的碰撞)。另外,这些区域的蒙皮被连接到钛合金构架上,当出现大损伤时,可以更换整块壁板。钛合金框架从舱门边缘延伸 1~2 跨距。

(2) 按目视检查标准,对复合材料结构进行损伤容限设计,并引入较高的设计裕度。发生工具跌落和车辆冲击损伤时,如果冲击物为尖锐物,可以明显显示出损伤。如果冲击物是大尺寸钝头物,例如车辆的大尺寸钝表面冲击(冲击区面积可达到 1 m² 以上),其冲击损伤可能在外部显示不出来,但内部会存在严重损伤。对于这种损伤,波音公司的设计可保证损伤结构具有设计极限载荷承载能力,并采用损伤无扩展的设计概念。

波音 B787 型飞机复合材料结构的设计制造主要采用外包形式。选择何种树脂或纤维由承包商决定。如果某个零部件要用特定的织物,修理也要用特定材料,这会使得修理商必须储备各种材料。因此,限制预浸料数目是波音公司要解决的大问题。

波音公司为此与承包商之间确定了设计要求,采取了标准化措施,规定波音 B787 型飞机上几乎所有的结构都采用 BMS8276(波音材料规范)碳纤维单一材料规范,并规定在靠近高温部位采用高温复合材料,其中最为重要的是所有结构均用同一材料进行修理。

8.3 修理的分类

8.3.1 按损伤严重程度分类

通常,采用目视检查的方法检查复合材料结构的损伤。当发现复合材料结构的损伤后,需要采用无损检测技术确定损伤的严重程度。按复合材料结构损伤的严重程度,可将复合材料结构的损伤分为 3 类。

1. 可允许损伤

通常情况下,可允许损伤的损伤程度稍大于勉强目视可见损伤。复合材料结构经试验验证或试验支持的分析可承受的设计极限载荷称为可允许损伤。为提高飞机结构的可修理性,可以不对这类损伤进行修理或仅进行表面修复处理,以避免液体浸入损伤部位。在飞机结构修理手册(SRM,Structual Repair Manual)中,应当说明可允许损伤的可检查性以及损伤的类型和范围。

2. 可修理损伤

复合材料结构超出可允许损伤范围但仍可进行修理的损伤,称为可修理损伤。这种类型的损伤已经影响到复合材料结构的完整性,甚至影响到结构的使用功能,结构承载能力已下降到设计极限载荷以下。发现此类损伤后,必须马上修理。

3. 不可修理的损伤

不可修理的损伤,又称为强制更换的损伤。如果损伤超出可允许损伤的范围,并且损伤的结构件很小,则应对其进行更换,而不是修理。修理小的结构件是不实际的,也是不经济的。一些承受高应力的结构件也不适合修理。这是因为修理后的结构件不具备原有的承载能力,没有足够的安全裕度,这类结构件应更换。另外,损伤结构件的结构形状不适合修理时,也要更换。

8.3.2 按修理对象和修理方法分类

1. 层合板结构的修理

根据损伤的严重程度和损伤部位,可把层合板的修理分为:
(1) 螺栓连接修理(见图 8-3(a));
(2) 胶结修理(见图 8-3(b));
(3) 铺层修理(见图 8-3(c)和(d));
(4) 分层的注胶修理。

2. 夹芯结构的修理

夹芯结构的修理又分为：

（1）面板损伤的修理；

（2）面板和夹芯均损伤的修理（见图8-3(e)和(f)）。

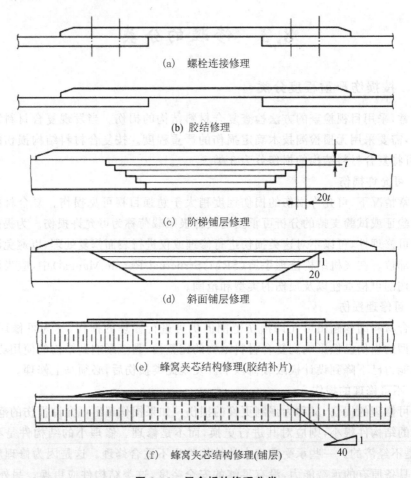

(a) 螺栓连接修理

(b) 胶结修理

(c) 阶梯铺层修理

(d) 斜面铺层修理

(e) 蜂窝夹芯结构修理(胶结补片)

(f) 蜂窝夹芯结构修理(铺层)

图8-3 层合板的修理分类

8.3.3 按修理场地分类

按修理场地可将复合材料结构修理分为基地级修理和航站级修理。

1. 基地级修理

基地级修理主要指由民用航空器维修基地进行的修理，或由原制造商进行的修理。这种修理通常是在C检时所进行的永久性修理。这种永久性修理应将损伤结构承载能力恢复到设计极限载荷的承载能力。

2. 航站级修理

由于受修理条件(包括技术力量、航材、工具、设备及厂房条件等)的限制,航站级修理常采用临时性修理。当发现飞机复合材料结构呈现出一般性的轻微损伤时,为不影响飞机正常运行,可考虑进行临时性修理;或者当发现飞机结构呈现严重损伤,但在发生或发现严重损伤的机场不具备进行永久修理的条件时,可以考虑进行临时性修理,以达到安全调机的目的。

制定临时性修理方案应遵守下述准则:

(1) 必须考虑到后续的永久性修理;否则,就会给永久性修理带来不便,甚至造成无法实施永久性修理。临时性修理的质量问题可能给永久性修理带来很大困难。

(2) 必须明确规定对修理区域的检查间隔(除非此次临时性修理至进行永久性修理的飞行小时数和起落次数很少),有时还需要明确对飞机的限制使用条件。对飞机使用条件的限制包括只允许一次性调机、座舱余压限制、飞行高度和速度限制等。在定期对临时性修理进行检查的过程中,如果发现损伤扩展,则必须马上进行永久性修理。

(3) 应规定时限,到达时限时应按永久性修理方案完成结构修理。

8.3.4 按损伤危害性分类

按照损伤危害性,可将复合材料结构修理分为 A、B、C 和 D 类,如表 8-2 所列。

表 8-2 复合材料结构修理按照损伤危害性分类

类 型	结构类定义
A	按 AC 25.571-1C 识别出的主要结构件(PSE,Principal Structural Elements)。除非延缓修理被证实是可以的,否则,发现损伤后,对这种结构必须更换或修理
B	通过对 PSE 限制飞行载荷或采取相应措施,失效或脱胶(或分层)将不直接危及持续安全飞行或落地的结构。发现损伤后,对这种结构必须如同 A 类那样进行处置
C	失效或脱胶(或分层)不危及持续安全飞行或落地的结构,但要考虑到潜在的大损伤。对这种结构在发现损伤后的适当时候,必须进行修理或更换
D	失效或脱胶(或分层)仅产生经济上影响的结构。对这种结构可能要进行更换或修理

必须按照表 8-3 所给出的符合性措施进行 A、B、C 和 D 类结构验证,还必须考虑重复载荷对静强度的影响。

表 8-3 A、B、C、D 四类修理的符合性措施

类 型	符合性措施
A、B 和 C	结构必须符合全部疲劳和损伤容限要求(即 FAR 25.571 1996 版)和 AC 25.571-1C。必须通过全尺寸试验或由其他试验支持和/或先前经验支持的分析来证明

续表 8-3

类 型	符合性措施
C 和 D	可以通过下面三种方法之一考虑重复载荷对复合材料结构的影响： (1) 应用相同材料的先前使用经验； (2) 采用包括重复载荷和环境的静强度许用值； (3) 试样疲劳和环境试验数据

8.4 修理设计准则

修理设计准则用于保证经过修理的构件具有与未损伤构件同样的结构完整性和功能。修理设计准则应当由原制造商认可的工程机构制定。它用于指导飞机结构修理手册(SRM)的编写。当对损伤结构的修理超出 SRM 的范围时，必须根据规定的修理准则，对修理进行验证和批准。

飞机结构修理手册通常将结构分区，以便区分所需要的强度恢复量或可接受的标准修理类型。分区可以允许在强度余量大的区域进行简单的修理。分区也限制了营运人去修理那些太复杂而只应由原设备制造商（OEM）进行修理的区域。永久修理的修理设计准则，基本上就是设计所修理的构件时所用的设计准则。

8.4.1 刚　　度

任何修理中首先考虑的是更换已损伤的结构材料。这意味着：应当尽可能使原未损伤结构与修理后的结构刚度匹配，并且所更换的修理材料尽可能接近母体材料，特别是对于大型修理。这就避免了重新计算任何构件的整体动力性能（例如颤振），并且避免了结构载荷的重新分配。此外，很多重量轻的飞行器结构是按照比强度要求更严格的刚度要求设计的，对于这类结构的修理必须保持需要的刚度，以满足变形和稳定性的要求。

常常将固定的空气动力表面（如机翼和尾翼）设计成具有适当的弯曲和扭转刚度，以防在空气动力载荷下产生过大的挠曲。这是为了防止振动发散和操纵面（例如副翼）的操纵反效。可动表面常常对颤振问题敏感，因而，可能已对其刚度进行了精心设计，避免发生颤振。

增大操纵面的刚度（特别是弯曲刚度）可能会使颤振速度降低到不可接受的程度；降低刚度可能同样是破坏性的。需要评估重大的刚度变化对结构承载能力特性的影响。刚度还可能影响舱门开启（例如，起落架舱门的变形）。降低刚度可能导致在空气动力载荷下出现过度变形，可能增大阻力，并在极端情况下引起结构破坏。

8.4.2 静强度和稳定性

任何永久修理都必须满足：在极端温度、吸湿程度和带有目视勉强可见损伤情况下,被修理结构能承受设计极限载荷。

载荷路径的改变是设计修理时出现的特殊问题。当强度恢复时,必须注意修理后刚度对结构内载荷分配的影响。如果补片的刚度低于原先结构的刚度,这个补片可能没有承担其载荷份额,从而使周围的材料出现过载。这种情况可能是由于采用了不够刚硬的补片材料,或者是紧固件为松配合,或紧固件处变形而不能传递全部载荷。相反,过度刚硬的补片可能承受和传递超过其份额的载荷,使得连接的区域出现过载。母体材料与补片之间的刚度不匹配可能引起剥离应力,导致补片脱胶。

对于承受压缩或剪切载荷的结构,例如机翼上蒙皮、梁或肋的腹板以及机身结构(包括其外蒙皮和内部隔框),在设计极限载荷下的临界情况可能是稳定性控制而不是静强度控制。可能出现两类稳定性破坏情况:

(1)壁板屈曲:壁板(例如机翼蒙皮的一部分)在主要支撑(例如梁和肋)之间出现屈曲。在修理中必须考虑壁板的刚度以及由固定到结构上的连接件所提供的支持。结构的某些部分,如梁间的机翼蒙皮,是允许在低于设计极限载荷时出现屈曲的。这种类型结构形成特殊的后屈曲特性,通过载荷重新分配使结构能够承受设计极限载荷。对任何稳定性关键结构(特别是允许屈曲的结构)的修理,都不要影响其屈曲和后屈曲模态。在这里,与母体材料的刚度匹配是最重要的。

(2)局部分层或屈曲:这是由元件或其组成部分(如梁缘条)的横截面变形而产生的屈曲,并不是沿长度或宽度方向变形而产生的整体屈曲。在对子结构进行修理时,必须考虑恢复其局部的剥离强度。

当分层或渗透削弱了树脂对纤维的支持,从而出现单独纤维或纤维束的屈曲时,复合材料层合板可能在压缩载荷下产生破坏。由于微屈曲或局部铺层屈曲存在危险性,所以,进行分层树脂注入修理时,若没有将分层的铺层充分胶结在一起,这样的修理是不满意的。

8.4.3 耐久性

结构修理可能对寿命期中重复载荷引起的损伤更加敏感。这是因为修理过程并非总能很好地控制;同时,在修理件暴露的部位也会形成一些孤立的连接和不连续性。对于螺栓连接修理,应当避免紧固件孔的高挤压应力,因为在重复载荷下高挤压应力可能将孔拉长并导致紧固件的疲劳。胶结修理应当有良好的密封,因为在环境作用下,密封性会减弱而导致脱胶。应当修理所发现的超过 SRM 规定可接受限度的全部分层,因为未修理的分层可能在压缩或剪切载荷下扩展。对夹层结构螺栓的连接修理必须进行密封。

8.4.4 损伤容限

在复合材料结构设计中,通过降低设计许用应变以使含勉强目视可见冲击损伤的结构能够承受设计极限载荷;修理的结构必须能容忍预定水平的冲击损伤。这个冲击损伤的水平通常由 OEM 确定,并经合格审定机构认可。对一个具有良好损伤容限的复合材料结构可以进行大范围的修理;对一个只允许小范围修理的低损伤容限结构,需要进行频繁的修理。当用金属件进行大损伤的修理时,必须满足金属结构的损伤容限要求。对金属加强片和构件也需要针对电化学腐蚀和防雷击采取相应措施。

8.4.5 与飞机系统的相容性

在结构修理中除了要满足结构修理准则外,还需要与有关的飞机系统相容,这些系统包括:

(1) 燃油系统——民用飞机常采用整体结构燃油箱。必须对修理处进行适当密封以防燃油泄漏。修理部位也可能受到燃油压力载荷。修理材料必须与燃油相容。

(2) 防雷击系统——通过火焰喷涂层,黏结金属条、金属丝网等来传导某些复合材料结构遭雷击产生的电流。结构修理时必须恢复所修理部位的导电连续性和结构强度,对于燃油箱进行螺栓连接修理时,必须避免开创新导电通路。

(3) 机械系统——必须在修理后使机械驱动的构件(例如起落架舱门或操纵面)运作正常。与相邻固定结构的间隙和配合可能是关键所在。结构修理后,可能需要重新调整传动装置或进行平衡检查。

8.4.6 气动光滑性

为使飞机外表面阻力达到最小,在制造中规定了平滑性的要求。通常对各区域规定了不同的气动光滑性要求。在大多数 SRM 中,规定修理处的光滑性要求与结构制造时的一致。

最关键的区域通常包括:机翼和尾翼的前缘,发动机短舱前部和进气口区域,前机身和机身的翼上区域;次重要区域一般包括后缘和后机身区域;此外还可能规定一些中间的区域。对于最关键的区域,通常限制永久对接处的前向台阶为 $0.13 \sim 0.51$ mm($0.005 \sim 0.020$ in)。在可动壁板、机械舱门和主要连接处,通常允许的前向台阶为 $0.25 \sim 0.76$ mm($0.010 \sim 0.030$ in)。在设备(例如,天线和航行灯)安装处,允许的台阶可达到 $0.51 \sim 1.02$ mm($0.020 \sim 0.040$ in)。补片铺层结束处所形成的所有边缘,应当加以平滑并沿边缘修薄。

无论要求是什么,在每个外部修理处都应当用经济可行的办法,尽量准确、平滑地恢复结构的空气动力外形。

8.4.7 重量与平衡

当修理改变了气动力敏感件(例如,可动的操纵面、转子叶片和旋转轴)的重量平衡时,修理导致的重量变化就成为重要的问题。在这种情况下,有可能要求所清除的损伤材料的重量和修理中所用材料的重量相同,以使重量和惯性矩几乎没有变化。

如果做不到这一点,则修理后,必须对构件进行平衡检查。

可采用支架平衡法进行操纵面的平衡检查,如图8-4所示。

图8-4 平衡架

当操纵面安装在平衡架上时,如果操纵面重心在转轴前,其后缘向上翘,则操纵面处于过平衡状态;如果操纵面重心在转轴后,操纵面后缘向下偏,则操纵面处于欠平衡状态。采用支架平衡法检查操纵面平衡时,操纵面应处于过平衡状态。

也可以采用计算法进行平衡检查,步骤如下:

(1) 确定修理区清除材料的重量和修理所用材料的重量,从而计算出修理的净增重。

(2) 计算修理区中心到转轴中心线的距离,这个值要精确到0.01 in。

(3) 计算净增重与上述距离的乘积。

(4) 如果该乘积的值在机型维护或修理手册的规定值范围(制造商制定SRM时,应给出这个规定范围)内,则符合要求;如果该乘积的值不在规定范围内,就需要按要求在操纵面前缘增加配重。

8.5 修理方案的确定

复合材料结构的修理方案应当依据试验或采用试验支持的分析方法确定。参考文献[1]推荐:采用积木式方法给出复合材料结构的修理方案,并用最高级别的试验(全尺寸结构试验)进行试验验证。也就是说,应当利用试验数据库和分析,来支持修理方案的设计。这有助于保证复合材料结构经过永久性修理后具有承受设计极限载荷的能力,从而恢复到适航状态。

复合材料结构的修理设计通常针对某种材料或某族材料进行研发。某一特定修理方案通常采用模拟该修理构型、材料和工艺的试件进行试验。通常,确定修理方案的试验不需要采用试件较多的试验矩阵给出以统计为基准的材料许用值;但是,应给

出材料不同批次之间的性能差异性,因为对于湿铺层修理这是需要的。通常,可以采用以下两种方法给出修理设计的材料许用值:

(1) 将原复合材料结构的材料许用值乘以减缩系数,以反映修理材料的固化温度和压力低于原结构材料的情况;

(2) 针对准备用于修理的材料族,给出材料许用值和其他一些性能数据。考虑到修理的工艺参数(例如,纤维体积含量、压力和湿度)比原结构材料的变异性要大一些,材料许用值要有较大的缩减。

对以上两种方法给出的材料许用值,应进行少量的试验验证。除进行试样试验外,还需要进行代表全尺寸修理情况的各种元件试验、组合件试验,以便验证修理方案并给出修理设计的设计许用值。复合材料结构的修理方案还应经过全尺寸结构试验验证。

修理设计的试样通常采用螺接或胶结简单连接。这种试验一般是二维的。螺栓连接的试样可以是单螺栓连接或双螺栓连接,通过这些试验可以获得挤压、挤压/旁路和净拉伸试验值。胶结连接试样通常采用搭接形式,以获得连接处的胶结连接强度。

参考文献

[1] 路遥. 民用飞机复合材料结构适航验证概论[M]. 上海:上海交通大学出版社,2013.

[2] 李龙彪. 复合材料结构适航验证与审定[M]. 北京:北京航空航天大学出版社,2019.

[3] Li Longbiao, Tiniakov Dmytro. Airworthiness Design of Composite Structures[M]. Beijing:Beihang University Press,2021.

[4] Breuer, Paul U. Commercial Aircraft Composite Technology[J]. Springer,2016.

[5] 杨乃宾,梁伟. 飞机复合材料结构适航符合性证明概论[M]. 北京:航空工业出版社,2015.

[6] 冯振宇,邹田春. 复合材料飞机结构合格审定[M]. 北京:航空工业出版社,2012.

[7] 张海兵. 飞机复合材料无损检测技术[M]. 北京:国防工业出版社,2020.

[8] 孟松鹤,王长国. 复合材料及其结构力学[M]. 北京:科学出版社,2022.

[9] 刘国春,郭荣辉,秦文峰. 民用飞机复合材料结构制造与维修[M]. 北京:清华大学出版社,2020.

[10] 李顶河,徐建新. 飞机复合材料结构修理:理论、设计及应用[M]. 北京:科学出版社,2019.

[11] 刘军,黄领才. 通用飞机复合材料典型损伤和修补技术[M]. 北京:国防工业出版社,2022.